生命科学研究系列丛书

霉菌毒素防治
及其生物降解研究

黄玮玮　著

东北林业大学出版社

Northeast Forestry University Press

·哈尔滨·

图书在版编目（CIP）数据

霉菌毒素防治及其生物降解研究 / 黄玮玮著 . — 哈尔滨：
东北林业大学出版社，2024.5

（生命科学研究系列丛书）

ISBN 978-7-5674-3564-3

Ⅰ . ①霉… Ⅱ . ①黄… Ⅲ . ①饲料 – 真菌毒素 – 污染防治
Ⅳ . ① S816.3 ② X713.01

中国国家版本馆 CIP 数据核字 (2024) 第 110501 号

霉菌毒素防治及其生物降解研究

MEIJUN DUSU FANGZHI JI QI SHENGWU JIANGJIE YANJIU

责任编辑：马会杰
封面设计：乔鑫鑫
出版发行：东北林业大学出版社
　　　　　　（哈尔滨市香坊区哈平六道街 6 号　邮编：150040）
印　　装：三河市华东印刷有限公司
开　　本：787 mm × 1092 mm　1/16
印　　张：10
字　　数：200 千字
版　　次：2024 年 5 月第 1 版
印　　次：2024 年 5 月第 1 次印刷
书　　号：ISBN 978-7-5674-3564-3
定　　价：80.00 元

前　言

　　霉菌毒素是由丝状真菌（霉菌）产生的有毒次生代谢产物。它们是一些相对分子质量较小的化合物（通常小于 1 ku），在人类食品和动物饲料及原料中是无处不在和不可避免的。它们可以直接通过被霉菌毒素污染的植物性食品进入人类的食物链中，也可通过在食品上生长繁殖霉菌产生毒素而间接对人类造成危害。霉菌毒素主要存在于成熟的玉米、大豆、高粱、花生和其他粮食和饲料作物中，与当地的季节、气候条件、运输与储存条件都密切相关。霉菌毒素可经消化道、呼吸道和皮肤等途径进入人和动物机体，对免疫、消化、生殖和骨骼等组织系统产生毒性作用，严重时可造成巨大的经济损失，降低畜禽生产性能及经济效益，并可经食物链传递，对肉、蛋和乳等动物源食品安全及人类健康造成危害。霉菌毒素主要来源于曲霉属、镰刀菌属、链格孢属、麦角菌属和青霉属等菌属。目前已鉴定出 300 多种霉菌毒素，其中 6 种（黄曲霉毒素、毛霉烯、玉米赤霉烯酮、伏马菌素、赭曲霉毒素和棒曲霉素）经常存在于食品中，在全球范围内对食品安全构成不可预测和持续的威胁。

　　然而并非所有霉菌都具有威胁性，也并非所有霉菌的次生代谢产物都具有毒性。霉菌毒素的毒性不仅取决于它们的生产者，还取决于它们彼此之间及它们与其他微生物的相互作用，也取决于它们的生长环境、土壤气候条件等。此外，霉菌污染某些食物基质并不等同于霉菌毒素污染，因为霉菌只在特定情况下产生次生代谢产物。因此，霉菌毒素的产生可能与霉菌本身的存在无关，而与其他霉菌或微生物的存在有关，甚至与环境条件（如水分和温度）的变化有关。本书详细介绍了常见霉菌毒素的物理和化学特性、目前检测和分析这些霉菌毒素的方法，以及目前在饲料中常用的去除霉菌毒素的生物降解方法，以期为认识霉菌毒素的毒性作用及能够利用有效降解方法减少霉菌毒素的危害提供参考。

由于作者水平有限，加之时间仓促，书中如有疏漏在所难免，恳请同行专家、学者和读者不吝指正。

作者

2024 年 3 月

目　　录

第1章 饲料中常见的霉菌毒素
及其产毒霉菌

一直以来，饲料和农产品中的霉菌毒素污染是一个全球性问题，给农业生产和食品安全带来严重挑战。霉菌毒素是危害动物饲料安全的因素之一，主要以黄曲霉毒素、玉米赤霉烯酮、单端孢霉烯族毒素（包括呕吐毒素）、伏马菌毒素、赭曲霉毒素为主。本章主要概述了饲料中常见的几种霉菌毒素的理化性质及其毒性。

1.1 饲料中常见的霉菌毒素的理化性质及毒性

1.1.1 黄曲霉毒素

黄曲霉毒素是一组与结构相关的有毒次级代谢产物，主要由黄曲霉（*Aspergillus flavus*）和寄生曲霉（*Aspergillus parasticus*）产生，通常存在于土壤和各种有机物质中。黄曲霉毒素均为多环芳烃化合物，目前已发现的黄曲霉毒素有 20 余种，已发现的经常存在于植物源性食物中的通常只有 4 种，即 AFB_1、AFB_2、AFG_1 和 AFG_2。根据黄曲霉毒素的化学结构（图 1-1）将其分为两大类：二呋喃香豆素环戊烯酮族（difurocoumarocyclopentenone group），包括 B 族黄曲霉毒素（AFB_1、AFB_2、AFB_{2a}）、M 族黄曲霉毒素（AFM_1 和 AFM_2 是 AFB_1 和 AFB_2 的代谢产物）、黄曲霉毒醇（aflatoxicol，AFL）和黄曲霉毒素 Q_1（aflatoxin Q_1，AFQ_1）；二呋喃香豆素内酯族（difurocoumarolactone group），包含 G 族黄曲霉毒素（AFG_1、AFG_2、AFG_{2a}）。按黄曲霉毒素毒性的大小进行排序为：$AFB_1 > AFM_1 > AFG_1 > AFB_2 > AFG_2$。国际癌症研究机构（international agency for research on cancer，IRAC）已经将 AFB_1、AFG_1、AFB_2、AFG_2 列为 1 类致癌物，其中，AFB_1 不仅毒性最强，而且占黄曲霉毒素总量的 70% 以上。

AFB$_1$ 的分子式是 C$_{17}$H$_{12}$O$_6$，相对分子质量为 312，在紫外光照射下非常稳定，紫外线对低质量浓度黄曲霉毒素有破坏作用。黄曲霉毒素的耐热性很高，在 269 ℃ 左右高温下才会分解，并破坏其有毒结构。其在中性条件下稳定，易被强碱或强氧化剂破坏；当在 pH 值为 1.0～3.0 的强酸性溶液中时，才会有极少量的分解；但是当在 pH 值为 9.0～10.0 的碱性溶液中时，能够分解。因此，普通的物理和化学方法难以使其彻底分解。黄曲霉菌只产生 AFB$_1$ 和 AFB$_2$，而寄生曲霉则可以产生 AFB$_1$、AFB$_2$、AFG$_1$ 和 AFG$_2$。

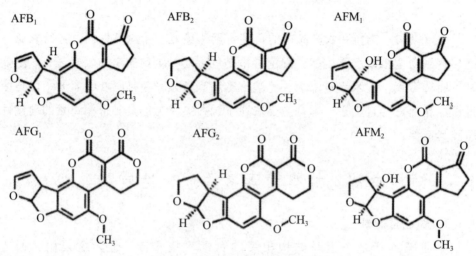

图 1-1　几种黄曲霉毒素的化学结构

据报道，印度在 1974 年暴发了影响人类的黄曲霉病，导致 100 多人死亡。产生黄曲霉毒素的真菌生长在各种各样的食物上，如谷物（玉米、大米、大麦、燕麦和高粱）、花生、开心果、杏仁、核桃和棉籽等。牛奶也可能被 AFM$_1$ 污染，这是一种主要的 AFB$_1$ 羟基化的代谢物，是由肝脏微粒体细胞色素 P450 在饲喂 AFB$_1$ 污染饲料的奶牛中生物转化的产物。奶牛在食用被 AFB$_1$ 污染的饲料后 12～24 h 可在牛奶中检测到 AFM$_1$，且牛奶中 AFM$_1$ 的浓度与原料中 AFB$_1$ 的水平呈正相关。在一些乳制品中也可以检测到 AFM$_1$，如奶酪，其浓度高于生牛奶，因为 AFM$_1$ 具有热稳定性，与酪蛋白结合良好，并且不受奶酪制作过程的影响，因此 AFM$_1$ 是奶制品中常见的污染物。

在随后的研究中，由黄曲霉毒素引起的火鸡、蛋鸡、猪、牛、鳟鱼和狗的发病率和死亡率陆续被人们报道。低剂量的黄曲霉毒素能够引起肝损伤、胃肠道功能紊乱、免疫抑制，并降低食欲、繁殖能力和生长速度。

1.1.2 玉米赤霉烯酮

玉米赤霉烯酮（zearalenone，ZEA）又称F-2毒素，是由镰刀菌属禾谷镰刀菌（*Fusarium graminearum*）、三线镰刀菌（*Fusarium tricinctum*）、黄色镰孢（*Fusarium culmorum*）、木贼镰孢（*Fusarium equiseti*）、半裸镰孢（*Fusarium sernitectum*）、茄病镰孢（*Fusarium solani*）等在适宜的条件下产生的一类非甾体的类雌激素化合物，是一种白色晶体，分子式为$C_{18}H_{22}O_5$（图1-2）。ZEA化学名称为6-（10-羟基-6-氧基-十一碳烯基）-β-雷锁酸内酯，是一种大环β-间环酸内酯，理化性质较稳定，由于其结构与天然存在的雌激素相似，ZEA被认为一种雌激素真菌毒素，在人和动物中诱导明显的雌激素作用。

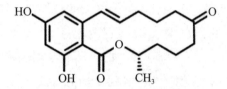

图1-2 玉米赤霉烯酮的化学结构

ZEA最常见的6个衍生物分别是玉米赤霉烯醇、6，8-二羟基玉米赤霉烯二醇、8-羟基玉米赤霉烯酮、5-甲酰基玉米赤霉烯酮、7-脱氢玉米赤霉烯酮和3-羟基玉米赤霉烯酮。ZEA常存在于玉米中，但在小麦、大麦、燕麦、高粱和黑麦中也经常被发现。在美国和加拿大，玉米和小麦常被检测到ZEA污染；而在欧洲国家，ZEA污染的主要来源是小麦、黑麦和燕麦。高湿低温的环境更有利于ZEA的产生。ZEA污染与脱氧雪腐镰刀菌烯醇污染同时发生，黄曲霉毒素污染较少发生。ZEA在常规烹饪温度下稳定，在高温下仅能部分消除；在饲料和食品加工过程中，不容易降解，易溶于有机溶剂，不溶于水，耐热性较强。国内外大量研究证明，ZEA的类雌激素结构能激活雌激素受体，使ZEA具有类雌激素作用，是雌激素强度的1/10，可造成雌性动物的类似雌激素水平提高，导致生殖器官形态和功能的变化包括子宫增大、生殖道改变、生育能力下降及黄体酮和雌二醇水平异常，此外还会产生细胞毒性和遗传毒性，造成损伤肝肾并降低免疫机能。ZEA的毒性大小与其代谢产物有关，各代谢产物毒性顺序由大到小：α-ZAL＞α-ZOL＞β-ZAL＞ZEA＞β-ZOL。由此可见，α-ZEA的毒性最大。在猪体内ZEA多数α-羟基化，即代谢为α-ZAL的比例较高，产生的毒性也就较大。所以，猪是对ZEA最敏感的动物。

ZEA被国际癌症研究机构列为3类致癌物。公众对ZEA的关注与其强烈的雌激素活性有关。在各种动物物种的体外或体内模型中，ZEA 与雌激素受体（ERα 和 ERβ）竞争性结合，导致雌性生殖系统的变化和损伤。ZEA 及其衍生物通过取代其子宫结合蛋白中的雌二醇，引起雌激素反应。ZEA 会导致实验室动物和家畜的生殖道发生重大改变。在小鼠、大鼠、豚鼠和兔子中观察到不育、子宫和外阴肿胀、胚胎吸收增加和卵巢萎缩。在牛中，食用被大量 ZEA 污染的饲料可能与不孕症、产奶量减少和高雌激素血症直接相关。到目前为止，美国食品药品监督管理局（food and drug administration，FDA）还没有设定 ZEA 的建议水平。然而，欧盟委员会已规定各种食品中 ZEA 的最高含量为 20～100 ng/mL。

1.1.3 脱氧雪腐镰刀菌烯醇

脱氧雪腐镰刀菌烯醇（deoxynivalenol，DON）又叫呕吐毒素，DON 的相对分子质量为 296，分子式为 $C_{15}H_{20}O_6$，结晶为无色针状，熔点为 151～153 ℃，其化学名称为 3α，7α，15 - 三羟基 -12，13 - 环氧单端孢霉 - 9 - 烯 - 8 - 酮，是一种 B 型单端孢酶烯族化合物，为一种倍半烯衍生物。

DON 的主要毒性基团分别是 C - 12，13 环氧基和 C3—OH 基团。DON 主要是由禾谷镰刀菌和黄色镰刀菌产生的真菌毒素，是最常见的单端孢霉烯族毒素。赤霉病菌、粉红色镰刀菌（*Fusarium roseum*）、禾谷镰刀菌（*Fusarium graminearum*）、尖孢镰刀菌（*Fusarium oxysporum*）、燕麦镰刀菌（*Fusarium avenaceum*）都能产生 DON。DON 最初是从发霉的小麦和玉米中纯化出来的，1970 年日本的 Yoshizawa 和 Morooka 对其进行了化学鉴定，1976 年，我国分离得到 DON 纯品。其结构式如图 1-3 所示，DON 属于毛烯化合物的 B 类（Mishra 等，2020）。DON 易溶于水、乙醇、乙酸乙酯等极性溶剂，但不溶于正己烷和乙醚，在压力、热和酸性环境下也很稳定，但在碱性环境下毒性降低。DON 在 pH 值为 4.0 的条件下，170 ℃加热 60 min 仅有少量破坏，在 pH 值为 10.0 的条件下，170 ℃加热 15 min 即被完全破坏。α，β - 不饱和酮基致使 DON 在短波紫外下有吸收峰，但此紫外吸收与其他许多物质紫外吸收相重叠，并非特征性的。DON 在有机溶剂中稳定，乙酸乙酯和乙腈是最适合的溶剂。DON 有很强的耐储藏能力，据报道，病麦经 4 年的贮藏，其中的 DON 仍能保留原有的毒性。DON 耐热、耐压，在 120 ℃时稳定，在 180 ℃相对稳定，210 ℃时部分稳定。DON 在弱酸条件下稳定，在碱性条件下不稳定，例如在制作玉米粉饼时，DON 质量分数可降低 72%～88%。由于 DON 在 350 ℃条件下化学性质依然很稳定，因此它不受烹钲加工的影响，对人与动物的危害极大。据报道，DON 在有机溶剂（乙酸乙酯和乙腈是长期储存的最佳溶剂）中可以保持稳定，但在甲醇中不稳定。

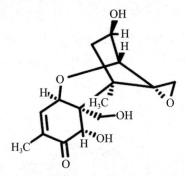

图 1-3　脱氧雪腐镰刀菌烯醇的化学结构

1.1.4　棒曲霉毒素

棒曲霉毒素（patulin，PAT）主要是由曲霉属（*Aspergillus*）、丝衣霉菌属（*Byssochlamys*）和青霉属（*Penicillium*）真菌产生的。它通常被认为是与水果的霉变有关的真菌，尤其是在苹果和苹果相关制品中存在。因此，在饲料中有时也会用到苹果渣这样的原料，所以 PAT 的污染有可能会引起饲料的安全问题。

PAT 是一种由多种真菌产生的霉菌毒素，是一种聚酮内酯（图1-4）。研究发现，PAT 能在苹果、梨和葡萄等水果上生长，蔬菜中也能检测出 PAT，除此之外，在海鲜中也曾发现。因此，研究人员建议在食用贝类前必须进行评估，以确定是否有 PAT 的存在。另外，有些人认为这种毒素经常在腐烂的水果和蔬菜中被检出，其实不然，在表面看似很好的水果中也可能检出该毒素。青霉属中的扩展青霉被认为是 PAT 的主要生产者，在梨果和核果中，大量的扩展青霉导致水果中蓝霉病的发生，使水果腐烂变质。水果在种植、收获、运输及销售过程中，昆虫和鸟类的侵扰、恶劣的天气条件或机械碰撞造成水果表面的一系列伤口，在这些伤口部位就会寄生真菌毒素（*Penicillium expansum*），真菌毒素最终进入果实。其中，苹果是水果中最易受 PAT 污染的水果之一。除了水果和以水果为基础的产品外，PAT 也可以从谷物和谷类食品，如大麦、小麦、面包和切达奶酪等中检测到。该毒素的产生已引起人类与动物严重的健康问题和经济损失。国际癌症研究机构已将 PAT 归为 3 类致癌物。联合国粮食及农业组织／世界卫生组织下的食品添加剂联合专家委员会（joint FAO/WHO expert committeeon food additives，JECFA）

制定了 PAT 的最高允许限量，并提出临时限量每日最大耐受摄入量（provisional maximum tolerable daily intake，PMTDI）为每千克体重 0.4 mg。同时，欧盟设定婴幼儿摄入某些水果和水果制品（如果汁），固体苹果产品和苹果中的 PAT 的最大临界限度上限食用量分别为 50 μg/kg、25 μg/kg 和 10 μg/kg。此外，许多研究表明急性棒曲霉毒素中毒会导致溃疡，躁动，抽搐，水肿，呕吐，大脑、肾脏和肝脏的 DNA 损伤。不仅如此，PAT 慢性中毒同样可以引起啮齿类动物的免疫毒性、神经毒性、遗传毒性和致畸性。

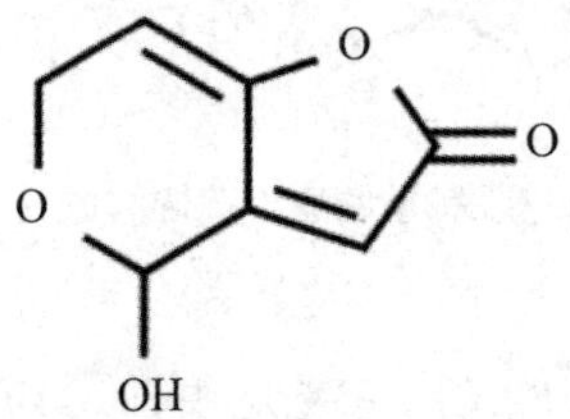

图 1-4　棒曲霉毒素的化学结构

霉菌毒素产生的生物合成机制可以由通路特异性转录因子和通用调节因子同时进行调节。PAT 是一种聚酮代谢物，类似于其他主要真菌毒素，如玉米赤霉烯酮、黄曲霉毒素、伏马菌素和赭曲霉毒素。有机化合物 PAT 被归类为一种耐热的内酯，不能被热变性。PAT 的摩尔质量为 154.12 g/mol，熔点为 110 ℃。产生 PAT 的生物合成途径包括十个步骤。PAT 的产生机制由一系列的缩合和氧化还原反应组成。PAT 是一种由醋酸酯和短链羧酸盐组成的聚合物，需要多功能酶 —— 聚酮合成酶（PKS）。PKS 不仅可以用于霉菌毒素的生物合成，而且可以在生物合成过程的各种后续反应中作为一些修复酶起着必要的催化作用。在大多数霉菌毒素生物合成通路中，基因编码的这些必需酶都在单个染色体上成簇出现。

PAT 的生物合成机制最初是从乙酰辅酶 A（辅酶 A）和丙二酰辅酶 A 开始的。负责第一步的反应酶是 6 - MSAS。6 - MSAS 反应酶是一种聚酮合成酶（PKS），它能促使乙酰辅酶 A 和丙二酰辅酶 A 转化为 6 - 甲基水杨酸。它是由 1 个乙酰辅酶 A 和 3 个丙二酰辅酶 A 开始合成的，形成一个四肽。它们都浓缩得到 6 - 甲基水杨酸合成酶（6 - MSA 合成酶），抑制这种酶可以作为限制步骤来延缓 PAT 的生产。这种酶的失活是抑制的一个高度选择性的步骤。在某些种类的在相同的反应条件下，这种酶稳定地导致 6 - MSA 合成酶失活。

1.1.5　伏马菌素

真菌镰刀菌（*Fusarium* spp.）产生的伏马毒素在自然界中无处不在，并能污染食品和饲料，对人类和动物的健康造成严重的危害。因此，需要对该类毒素的限量进行有效控制和管理，并进行深入的研究，以保证消费者的健康。伏马菌素是由致病性真菌（*Fusarium verticillioides*、*Fusarium proliferatum* 及其相关种）在谷物中产生的次生代谢物。此外，黑曲霉（*Aspergillus nigri*）在花生、玉米和葡萄等作物植物中也可以产生伏马毒素。常见的几种谷物（大米、小麦、大麦、玉米、黑麦、燕麦和小米）和谷物产品（玉米饼、薯片）中存在伏马菌素，玉米和以玉米为基础的产品中最常感染伏马菌素。这些谷物产品如果被伏马菌素污染，则会对人类和动物的健康产生重大影响。已知的伏马菌素同源物超过 15 种，分别为伏马菌素 A、伏马菌素 B、伏马菌素 C 和伏马菌素 P，包括 FA_1、FA_2、FA_3、$PHFA_{3a}$、$PHFA_{3b}$、HFA_3、FAK_1、FBK_1、FB_1、$Iso-FB_1$、$PHFB_{1a}$、$PHFB_{1b}$、HFB_1 等 28 种类似物，以及 FB_2、FB_3、FB_4、FB_5、FC_1、$N-乙酰基-FC_1$、异-FC_1、$N-乙酰基-异-FC_1$、$OH-FC_1$、$N-乙酰基-OH-FC_1$、FC_3、FC_4、FP_1、FP_2、FP_3 等。在伏马菌素 B 中，以 FB_1、FB_2 和 FB_3 含量最多，其中 FB_1 是毒性最大的形式，可与其他形式的伏马菌素（即 FB_2 和 FB_3）共存。FB_1、FB_2 和 FB_3 是主要的食品污染物。FB_2 和 FB_3 实际上是 FB_1 的 $C-5$ 和 $C-10$ 脱氢类似物。FB_1 会影响饲料的营养价值和感官特性，导致动物采食量和生产性能下降，造成巨大的经济损失。同时，这种霉菌毒素还会污染各种食品及其制品。长期接触霉菌毒素会对接触者的健康造成危害。研究发现 FB_1 可引起全身毒性，包括神经毒性、肝毒性、肾毒性和哺乳动物细胞毒性。

这些毒素与几种健康问题有关，从流行病学角度来看，它们的摄入、接触与人类食道癌、神经管缺陷以及动物的健康有着密切的联系。例如，食道癌在世界不同地区的发生率明显与该毒素的发生相关。伏马菌素在世界范围内一直都是一个关注度很高的问题，它在世界各地都有发生，其中在欧洲的发生率达到51%，在亚洲的发生率高达 85%。在阿根廷、巴西、中国、意大利、葡萄牙、西班牙、坦桑尼亚、泰国等国家均有关于饲料和食品中出现伏马菌素和其他相关毒素的报道。据报道称，它们对所有实验动物的肝脏和肾脏都有毒性作用。此外，FB_1 还与肝癌的发生、免疫系统的刺激和抑制、神经管缺陷、肾毒性以及其他疾病有关。FB_1 作为肝癌的诱因而闻名，其与 AFB_1 的协同相互作用在动物模型（鳟鱼和大鼠）

中表现出两个阶段，即癌症的起始和促进这两个阶段。早在 1993 年，国际癌症研究机构就将 FB$_1$（图 1-5）定性为 2B 类致癌物（即人类可能致癌物）。除此之外，它还能对大鼠、小鼠和兔子等几种动物产生毒性。此外，因为未能观察到其对雄性大鼠肾毒性有任何不利影响，联合国粮食及农业组织（FAO）和世界卫生组织（WHO）将伏马菌素的临时最大每日耐受摄入量设定为每千克体重 2 μg。

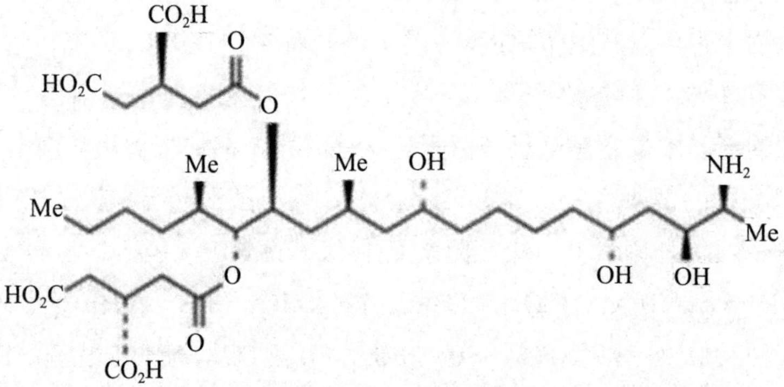

图 1-5　FB$_1$ 的化学结构

伏马菌素主要由轮状镰刀菌（*Fusarium verticillioides*）、多育镰刀菌（*Fusarium proliferatum*）和串珠镰刀菌（*Fusarium moniliforme*）以及其他镰刀菌（*Fusarium spp.*）产生，是一类由不同的多氢醇和丙三羧酸组成的结构类似的双酯型水溶性代谢产物，其在世界各地的土壤和植物中都可以被找到，由腐生植物产生。镰刀菌属在植物根际定植，然后进入植物系统。此外，众所周知，轮状镰刀菌和多育镰刀菌是玉米最常见的病原体。不仅农作物，而且许多常见的观赏植物（如紫菀秋海棠、康乃馨、菊花、剑兰等）在生产的各个阶段都经常受到不同镰刀菌的侵染。1988 年，Gelderblom 等首次从串珠镰刀菌培养物中分离出了伏马菌素；之后，Laurent 等又从伏马菌素中分离出了 FB$_1$ 和 FB$_2$。目前发现的伏马菌素有 FA$_1$、FA$_2$、FB$_1$、FB$_2$、FB$_3$、FB$_4$、FC$_1$、FC$_2$、FC$_3$、FC$_4$、FP 共 11 种，其中 FB$_1$ 为其主要组分，含量占伏马菌素的 70% ~ 80%，且毒性最强，是导致伏马菌素毒性作用的主要成分。研究表明，伏马菌素对粮食及其制品的污染情况在世界范围内普遍存在，其中尤以玉米及其制品较为严重；另外，随着中药材国际化的逐步推动，中药材真菌污染导致的安全问题受到广泛关注，研究者们也逐渐在中药材中发现了伏马菌素。

1.1.6　赭曲霉毒素 A

赭曲霉毒素 A（Ochratoxin A，OTA）是一种真菌毒素，由曲霉属和青霉属的几种真菌在世界范围内的多种农产品的田间生产或储存过程中产生。OTA 的化学名称是 L－苯丙氨酸－N－[（5－氯－3，4－二氢－8－羟基－3－甲基－1－氧－1氢－2－苯并吡喃－7－基）羰基]－（R）－异香豆素（图 1-6）。OTA 由异姜黄素核通过酰胺键连接到 L－苯丙氨酸单元组成的。OTA 被人或动物摄入以后，会转化成几种 OTA 的衍生物。某些 OTA 衍生物是通过羟基化作用生成的，还有其他缺乏苯丙氨酸部分或偶联（如与谷胱甘肽、葡萄糖醛酸、硫酸盐或戊糖）。OTA 代谢物包括脱氯类似物赭曲霉毒素 B（OTB）、脱氯类似物赭曲霉毒素 β（OTβ）、乙酯赭曲霉毒素 C（OTC）和异香豆素衍生物 OTα。OTA 通常比其他赭曲霉毒素的毒性更强，对畜禽具有肾脏毒性和免疫毒性，具有致癌、致畸和致突变的作用。OTA 代谢物通常具有低毒性或无毒性。OTA 在热处理和低 pH 值条件下表现稳定。典型的食品热处理，如煮沸、烘烤、油炸和烘烤，不会导致 OTA 水平的显著降低。Pleadin 等发现，将受污染的香肠烹饪 30 min（100 ℃）和油炸 30 min（170 ℃）不足以降低 OTA 水平。

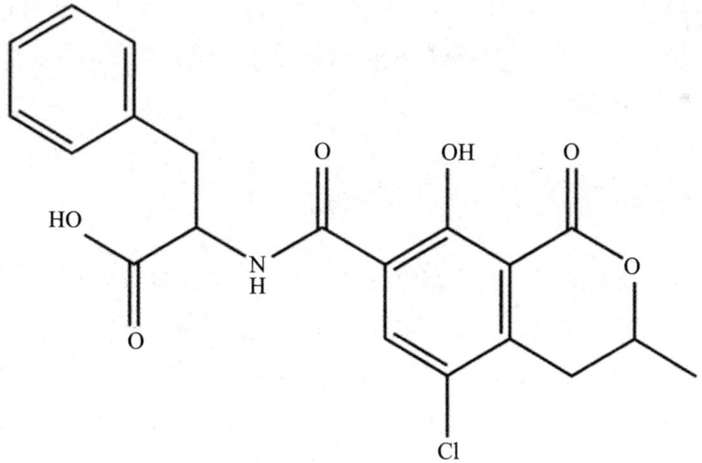

图 1-6　OTA 的化学结构

新的食品加工方法，如辐照、冷等离子体（CP）和高压加工（HPP）可能是通过控制产生 OTA 的真菌的生长来减少食品中 OTA 出现的有效手段。尽管这些新技术在处理受 OTA 污染的食品方面取得了令人鼓舞的成果，但人们对 OTA 降解化合物的毒性及其对人类和动物健康的影响仍然非常关注。大多数创新食品加工研究都是在植物源性食品中进行的，而不是在动物源性食品中进行的。OTA

除了对动物具有肾毒性、肝毒性、致畸性、神经毒性、基因毒性和免疫毒性以外，还被发现对动物具有致癌作用。OTA 也被国际癌症研究机构列为对人类可能致癌的 2B 类致癌物。因此，欧盟委员会已经为这些商品的 OTA 设定了最高水平。在使用的饲料中发现的 OTA 会对动物健康产生不利影响，并降低动物的产量（如牛奶）。同样地，霉菌毒素也会增加育肥猪对继发性细菌感染的易感性，免疫抑制是 OTA 首先表达的毒性作用。与单胃动物相比，反刍动物对 OTA 毒性作用不那么敏感。反刍动物瘤胃内的微生物菌群可将 OTA 降解为几乎无毒的赭曲霉毒素 α（OTα）。此外，食用动物采食含有 OTA 的饲料会导致食用动物生产的动物源性食品中存在 OTA 残留（肉、蛋或牛奶中的"延续效应"），从而导致人类通过食物链间接摄入 OTA，引起霉菌毒素毒性作用。

与其他生产动物相比，猪是最易受 OTA 感染的动物。在许多国家的饲料原料和猪全价饲料中都有较高的 OTA 含量，使得猪对该毒素的毒性作用更加明显。OTA 可在猪的几种组织中积聚，其中以在猪的血液中浓度最高，其次是肾脏和肝脏，而肌肉和脂肪中浓度较低。

OTA 对猪肉或可食用内脏的污染主要来源于猪食用了受 OTA 污染的饲料。此外，猪肉肉制品（如猪肉火腿、腌肉、腊肠）中 OTA 的存在可能源于产生 OTA 的真菌的直接生长，如青霉菌和疣状青霉菌，或者来自添加了受 OTA 污染的材料，如受污染的香料。

1.2 影响霉菌繁殖与产毒的因素

霉菌毒素污染可能发生在作物收获前的生长阶段，也可能发生在收获后食品或饲料的生产加工、包装、运输和储存过程中。一般来说，所有的作物和谷物如果在高温和潮湿的环境下，不恰当地储存了很长一段时间，就会引起霉菌生长和受到霉菌毒素污染。在大多数作物中，玉米被认为是最容易受到霉菌毒素污染的作物，水稻是最不容易受到霉菌毒素污染的作物。环境因素对霉菌滋生和毒素产生影响很大。对于曲霉属真菌、镰刀属真菌生长影响最大的因素是温度和水分。对于产黄曲霉毒素的霉菌来说，无论是黄曲霉菌，还是寄生曲霉，温度和水分对其生长起到相同的调节作用，并且具有互作效应。而对于不同种黄曲霉毒素的产生，即使是同一株霉菌，因温度和水分的不同也有可能会有截然相反的结果。Schmidt - Heydt 等（2010）研究了不同温度（17 ~ 42 ℃）、不同水分活度（0.90～0.99）对寄生曲霉生长和黄曲霉毒素 B_1、黄曲霉毒素 G_1 产生的影响。结果发现霉菌生长的最佳温度是 35 ℃；在不同温度条件下，霉菌生长总是随着水分活度的升高而升高；而毒素产生的最适温度则与霉菌生长的最适温度不同，黄曲霉毒素 G_1 在 20～30 ℃条件下，毒素的生成更多地依赖于水分活度；黄曲霉毒素 B_1 则在 37 ℃，并且只要水分活度大于 0.90，黄曲霉毒素 B_1 的生成便不受水分活度的影响；同时，结果表明温度是黄曲霉毒素 B_1 生成的关键因素。在环境因素对镰刀菌滋生和产毒的影响方面，Jimenez 等（1996）研究了水分和储藏时间对产玉米赤霉烯酮的七株镰刀菌产毒素情况的影响，结果发现在室温（16～25 ℃）条件下，不同镰刀菌在 40 d 均有不同质量浓度的玉米赤霉烯酮生成，而在 37 ℃下未能检测到玉米赤霉烯酮的含量；当水分活度为 0.97 时，玉米赤霉烯酮含量显著高于水分活度为 0.95 时的；并且随着储藏时间的延长（0～40 d），玉米赤霉烯酮的含量显著提高。在随后的研究中，Martins 等（2002）在玉米上接种禾谷镰刀菌也得到了类似结果。也有研究发现，玉米在 22 ℃条件下，储藏 35 d 后，玉米赤霉烯酮的含量显著高于 28 ℃条件下的玉米赤霉烯酮的含量。以上研究结果均表明温度和时间与玉米赤霉烯酮的产生具有很强的相关性。

　　霉菌的生长取决于许多因素，如霉菌接种的易感作物的品种、施肥平衡、虫害损害、不适当的储存条件、温度、湿度、水分活度、pH 值和食品的营养成分等多种因素，因此它们的相关性在世界各地是不同的。从以上研究中可以总结概括出霉菌的繁殖与产毒主要受到以下几个方面的影响。

1.2.1　水分

　　水分是控制微生物对食品破坏的单独的最重要因素之一。同样，水分是霉菌在饲料上生长繁殖的必要条件，无论是饲料原料、配合饲料，还是浓缩饲料，都含有一定的水分。存在于饲料中的水分有游离水和结合水之分，微生物能够利用的是游离水。一般来说，含水分多的饲料，微生物容易生长，含水分少的饲料微生物不容易生长，所以，自古以来人们就利用干燥的方法来储存食物。但是，这种以质量分数来表示饲料中的水分含量，不能准确地反映饲料中能够被微生物利用的实际含水量，如水分含量为 4%～9% 富油的坚果，水分含量为 9%～13% 富含蛋白质的豆类和水分含量为 18%～25% 富含果糖的水果的水分活度都约为 0.7。而大多数霉菌不能在水分活度低于 0.7 下生长。因此，不能用饲料中总的含水量来评价微生物对饲料发霉的影响。自从 Scott（1957）提出水分活度的概念以来，人们在研究食品中与饲料中水分与微生物的关系霉菌生长繁殖主要的条件之一是必须保持一定的水分。当水分活度降为 0.93 以下时，微生物繁殖受到抑制，但霉菌仍能生长；当水分活度在 0.7 以下时，霉菌的繁殖受到抑制，可以阻止产毒的霉菌繁殖。霉菌生长要求的水分活度较其他微生物如细菌和酵母都低。一般地，水分活度在 0.60 以下，所有霉菌都不能生长，少数霉菌可以在水分活度为 0.65 时生长，这类霉菌称作干性霉菌，如灰绿曲霉、薛氏曲霉、赤曲霉、阿姆斯特丹曲霉等。表 1-1 列出了饲料中各种霉菌生长（孢子萌发）的最低水分活度。但需要注意的是，对于不同食物，其适宜的水分含量也不同，例如当米麦类水分在 14% 以下，大豆类在 11% 以下，干菜和干果品在 30% 以下时，微生物较难生长。

表 1-1　饲料中各种霉菌生长（孢子萌发）的最低水分活度

霉菌	最低水分活度	霉菌	最低水分活度
根霉属	0.92 ~ 0.94	白曲霉	0.75
葡萄孢霉属	0.93	灰绿曲霉	0.73 ~ 0.75
毛霉属	0.92 ~ 0.93	亮白曲霉	0.72
乳粉孢霉	0.90	圆锥曲霉	0.70
黑曲霉	0.88 ~ 0.89	淡蓝色青霉	0.70
青曲霉	0.80 ~ 0.83	匍匐曲霉	0.65
烟曲霉	0.82	赤曲霉	0.65
黄曲霉	0.80	阿姆斯特丹曲霉	0.65
杂色曲霉	0.75	薛氏曲霉	0.65

1.2.2　温度

温度对霉菌的繁殖及产毒均有重要的影响。不同种类的霉菌其最适温度是不一样的，大多数霉菌繁殖最适宜的温度为 25 ~ 30 ℃，在 0 ℃ 以下或 30 ℃ 以上，霉菌不能产毒或产毒力减弱。

1.2.3　基质

在不同的食品及原料基质中霉菌生长的情况是不同的。在营养丰富的基质中霉菌生长的可能性会更大。试验证实，同一霉菌菌株在同样培养条件下，在以富含糖类的小麦和米为基质的培养物中黄曲霉毒素的产毒量比在以油料为基质的培养物中黄曲霉毒素的产毒量高。另外，缓慢通风的霉菌较快速风干的霉菌更容易繁殖产毒。

1.2.4　pH 值

霉菌比酵母菌更能耐受 pH 值的变化。霉菌生长的最小 pH 值是 1～3，在酸性至中性的 pH 值范围内生长更好。

1.2.5　通风情况

通常缓慢通风较快速风干的环境更有利于霉菌的繁殖和产毒。

此外，霉菌的繁殖与产毒还可能受到光照、氧分压、碳源、氮源、矿物盐等其他因素的影响。需要特别注意的是，霉菌的繁殖与产毒条件并非完全绝对，有时是多种因素共同作用的结果。因此，在生产车间等环境中，可以通过控制温湿度、加强空气流通、保持清洁卫生等措施，以减少霉菌繁殖和产毒的风险。同时，对食品、药品等产品的存储和加工过程也应严格控制环境条件，以防止霉菌的污染和危害。

第 2 章 　 饲料中几种常见霉菌毒素的危害及其在动物体内的代谢

霉菌毒素是真菌的次生代谢物，对真菌的正常生长和繁殖不是必需的，但能够引起许多其他物种发生的生理生化和病理变化。在人类和动物中观察到的真菌毒素的危害作用包括致癌性、致畸性、免疫毒性、神经毒性、肝毒性、肾毒性、生殖和发育毒性、消化不良等。

2.1 　 AFB_1 对人类或动物的危害

2.1.1 　 AFB_1 对动物的影响

黄曲霉毒素对动物的危害主要表现为抑制细胞分裂、蛋白质和脂肪合成与线粒体代谢，破坏溶酶体的结构和功能，导致动物致癌和畸形等。黄曲霉毒素中 AFB_1 毒性最强，根据大鼠口服试验结果，其动物半数致死量（LD50）为 4.80 mg/kg，其毒性是氰化钾的 10 倍、砒霜的 68 倍，能引起人和动物急性中毒死亡。

饲料发生霉变不仅会降低饲料的营养价值，影响饲料的适口性，还会导致动物采食量下降，而且毒素本身含量过高也会造成动物生长迟缓甚至停滞、免疫力抑制、生产性能下降，更严重的会造成动物中毒死亡，带来巨大的经济损失。黄曲霉毒素对各种动物均具有较高的敏感性，根据动物的年龄、种类、健康状态的不同，它们对黄曲霉毒素的敏感性也不同。在畜禽中，禽类对 AFB_1 最为敏感，鸭＞鸡；猪对 AFB_1 敏感度仅次于禽类。毕小娟（2017）在 21 d 断奶仔猪日粮中添加 0.3 mg/kg AFB_1，饲喂 21 d 后发现，饲粮中含有 AFB_1 显著降低断奶仔猪平均日增重（$P < 0.05$），显著提高料重比（$P < 0.05$），且有降低平均日采食量的趋势（$P = 0.09$）。此外，奶牛采食含有霉菌毒素（如 AFB_1）的饲料，AFB_1 在奶牛体内通过生物转化为 AFM_1，并存在于牛奶中，使牛奶受到污染而降低质量，

引发乳制品质量安全问题等。

2.1.2　AFB₁ 对细胞的影响

在黄曲霉毒素中，AFB₁ 是众所周知的天然致癌物，也是人类和动物食品中的主要污染物。AFM₁ 是 AFB₁ 在肝脏通过细胞色素 P450（CYP450）酶的主要代谢产物，已经被列为 2B 类致癌物，AFB₁ 的毒性是 AFM₁ 的 10 倍。Zhang 等（2015）研究 AFB₁ 和 AFM₁ 处理分化和未分化的人结肠癌细胞 Caco–2 细胞 72 h，结果表明 AFB₁ 和 AFM₁ 能够显著抑制细胞的生长、增加乳酸脱氢酶的释放以及引起 DNA 损伤，并存在着时间剂量依赖效应（$P < 0.05$）。还有一些黄曲霉毒素经 CYP450 转化成 AFBO，AFBO 能与 DNA 和蛋白质结合引起细胞毒性，如导致 DNA 损伤和细胞凋亡。在 AFB₁ 处理的肝癌细胞中，涉及核糖体生物合成、翻译、泛素代谢、膜运输、许多蛋白表达发生改变，下调 CYP450 酶以及其他必需脂肪酸和类固醇代谢所需要的酶。此外，还有报道称 AFB₁ 对雌性生殖系统也有毒性作用。Liu 等（2015）用 10 μmol/L 和 50 μmol/L AFB₁ 分别处理猪卵母细胞 44 h，结果表明当卵母细胞暴露于 50 μmol/L AFB₁ 时，细胞成熟率显著降低，大多数卵母细胞被阻滞在囊泡破裂或减数分裂 I 期，但是肌动蛋白组装、纺锤体结构和染色体排列没有被破坏。

2.1.3　AFB₁ 对动物肠道的影响

毕小娟（2017）在 21 d 龄断奶仔猪日粮中添加了 0.3 mg/kg AFB₁，饲喂 21 d 后发现，饲粮中含有 AFB₁ 显著降低了盲肠双歧杆菌的数量，但对总菌、大肠杆菌、乳酸菌和芽孢杆菌的数量均无显著影响。同大多数霉菌毒素一样，AFB₁ 也会损害肠道健康。Peng 等（2014）和 Zheng 等（2017）研究发现，AFB₁ 增加了凋亡因子 Bax 和 caspase–3 的表达并降低了空肠绒毛高度。另据报道，用含有 AFB₁ 的日粮饲喂大鼠，观察到大鼠的肠黏膜内膜白细胞和淋巴细胞被浸润，AFB₁ 还引起十二指肠和回肠肠道病变，如肠绒毛退化。AFB₁ 对肠道的不利影响包括肠道屏障的破坏、细胞增殖、细胞凋亡和免疫系统。虽然 AFB₁ 是最危及生命的霉菌毒素之一，作用的靶器官是肝脏，但是其对肠道的毒性作用与其他霉菌毒素相近。

霉菌毒素除了会直接对动物肠道造成损伤以外，还会对营养物质的消化吸收产生影响。雷晓娅研究表明，仔猪采食主要由 AFB₁ 污染的自然霉变玉米后，十二指肠 SGLT1 和 PepT1 的表达水平极显著降低，小肠内葡萄糖和二肽的转运吸收受到抑制。Huang 等研究发现，500 μg/L ZEN 和 40 μg/L AFB₁ 共同感染猪肠上皮细胞（IPEC–J2 细胞）后，PepT1 的表达水平降低。

2.1.4 AFB₁ 在动物体内的代谢

人类或动物摄入被 AFB₁ 污染的食品或饲料以后，伴随着食物在动物体内的消化，AFB₁ 从营养物质中释放出来产生毒性作用。AFB₁ 发挥毒性作用依赖于生物激活，主要作用的靶器官是在肝脏，其代谢通路如图 2-1 所示。

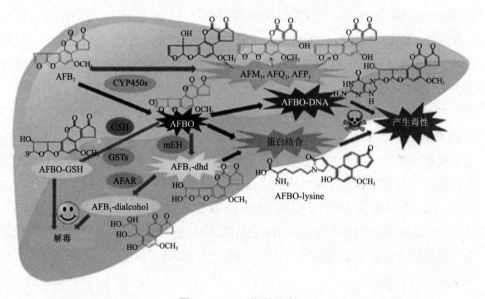

图 2-1 AFB₁ 代谢通路

一般来说，AFB₁ 是一种惰性化合物，它能被肝脏细胞内质网上的微粒体酶 P450s（CYP450s）激活成高活性和亲电子的 AFB₁ - 8，9 - 环氧化物（aflatoxin B₁ - 8，9 - epoxide，AFBO），AFBO 共价结合蛋白质和 DNA 形成加合物导致 DNA 损伤、急性或慢性细胞毒性，AFBO 与 DNA 碱基上鸟嘌呤 N7 位点结合，形成的 AFB₁ - DNA 加合物能够连接 GC 和 TA 造成 DNA 突变，最终形成肿瘤。此外，机体对 AFB₁ 具有解毒作用，AFBO 能够经过谷胱甘肽 S 转移酶（GSTs）作用与 GSH 结合，最终以 AFB₁ - NAC 的形式随尿一起排出体外。AFB₁ 发挥毒性作用与 AFB₁ 代谢通路有关，AFB₁ 主要有四个代谢通路，分别为经环氧化作用形成高致癌性的 AFBO、还原酮形成毒性一般的 AFL、羟基化形成 AFM₁ 和毒性较弱的 AFB2a（可导致肝病）或 AFQ₁、反甲基化形成毒性较弱的 AFP₁，它们都可以被肝细胞清除。这些 AFB₁ 代谢通路主要依赖于不同的 CY450 同工酶。其中主要是由 CYP3A4 和 CYP1A2 来完成的，许多脱氢反应（AFQ₁、AFP₁ 和 AFM₁）最终致癌物 AFBO 的形成也是由这些酶形成的。但是 AFL 不仅可由 CY450 酶形成，而且可以由 NADPH 还原酶形成。这个代谢的一个特性就是能够

重新转变出 AFB_1 作为毒素的"蓄水池"。尽管一种特殊的 CYP 类似物已经被鉴定出来，但是这种代谢是在酸性环境中发生的。关于产物 AFH_1 的报道不多，但是它很可能来自 AFL 或 AFQ_1。

2.2　ZEA 对人类或动物的危害

2.2.1　ZEA 对动物生产的影响

不同动物对 ZEA 的易感程度不同，常见动物对 ZEA 的敏感程度依次是：猪＞牛＞禽，其中母猪对 ZEA 最为敏感。母猪在 ZEA 中毒时，主要出现为外阴红肿、子宫充血和增生，后期出现卵泡闭锁和萎缩，从而导致流产和死胎。其中青年母猪对玉米赤霉烯酮的敏感性最强。公猪在 ZEA 中毒时，则会出现睾丸萎缩、精液质量下降。Rykaczewska 等（2018）研究表明，当饲料中添加 5 μg/kg、10 μg/kg 和 15 μg/kg 的 ZEA 时，显著增加了初情前期母猪体重。Marin 等（2013）研究表明，ZEA 不影响动物平均日增重和采食量，但也有研究表明 ZEA 能够降低动物增重。沈波等（2015）研究表明，小鼠饲喂含有 60 μg/kg AFB_1 的饲料后，未对小鼠的生长产生显著差异。赵虎等（2008）研究表明，使用 1～3 mg/kg ZEA 饲喂仔猪 18 d 不影响仔猪生产性能，但会使雌性断奶仔猪出现阴户红肿和雌性器官增大。杨立杰等（2017）研究表明，饲料日粮中分别添加 0.5 mg/kg、1.0 mg/kg 和 1.5 mg/kg ZEA，与对照组相比，对断奶小母猪平均日采食量、平均日增重及料重比均无显著影响。因此，ZEA 对不同生长期的不同动物影响不尽相同。

2.2.2　ZEA 对细胞的影响

不同剂量 ZEA 作用于不同细胞产生的毒性作用不同。它既能促进细胞增殖，又能抑制细胞活力、诱导细胞凋亡和引起细胞死亡。Marin 和 Motiu（2015）报道 10～100 μmol/L ZEA 作用于猪肠上皮细胞 IPEC‐1，降低了细胞存活率，对跨膜电阻（transepithelial resistanc，TEER）没有影响。Taranu 等（2015）研究表明 10 μmol/L ZEA 作用于猪肠上皮细胞 IPEC-1 24 h，对细胞活力有显著影响，并上调细胞增殖基因（*BMP4* 和 *CD67*），下调肿瘤抑制基因（*DKK‐1*、*PCDH11X* 和 *TC5313860*）。Wan 等（2013）研究表明，0～40 μmol/L ZEA 作用于猪肠上皮细胞 IPEC‐J2 降低了细胞存活率。Yip 等（2017）研究表明，ZEA 和 AFB_1 联合作用于人乳腺癌细胞系 MCF‐7，表现出显著的协同抑制细胞生长、DNA 合成和细胞周期进程，而 ZEA 则促进 MCF-7 细胞生长、DNA 合成和细胞周期进程。Zheng 等（2018）研究表明，低剂量的 ZEA 能通过类雌激素作用和致癌的特性刺激细胞增殖，然而高剂量 ZEA 则通过阻碍细胞周期、氧化应激、DNA 损伤、线粒体损伤和凋亡引起细胞死亡。Zheng 等（2016）等研究表明，用 $15 \sim 60 \, \mu mol/L$ ZEA 处理 Sertoli 细胞 24 h，显著降低了细胞活力。ZEA（$3 \sim 300 \, \mu mol/L$）能引起细胞活力显著降低，并能引起 RAW264.7 细胞死亡和凋亡。

2.2.3　ZEA 对动物肠道的影响

口服摄入 80% ~ 85% ZEA 将被快速吸收和生物利用，研究表明，在猪的胃肠道中 ZEA 被快速代谢成两种主要代谢产物：$\alpha - ZEL$ 和 $\beta - ZEL$，而且 ZEA 及其代谢物在肠道中的作用不同。这两种羟基化的代谢产物能被葡糖醛酸化和直接被排出。Marin 等（2015）研究表明，ZEA 在没有改变跨膜电阻的情况下，导致肠上皮细胞死亡，相反 $\alpha - ZAL$ 和 $\beta - ZAL$ 却显著降低了细胞完整性（$P < 0.05$）。Wang 等（2018）用强饲法按每千克体重 20 mg ZEA 连续饲喂小鼠一周，结果发现小鼠空肠肠道黏膜的形态结构受到严重破坏，黏膜免疫因子水平（$\beta - $defensin、Mucin - 1 和 Mucin - 2）和炎性因子水平（IL - 1β 和 TNF - α）均显著升高，IFN - γ 没有显著变化，IL - 10 显著降低，并使肠道菌群发生变化。也有研究表明，ZEA 对动物肠道的毒性并不像其他毒素那样明显，Gajecka 等（2016a、2016b）和 Lewczuk 等（2016）的研究结果均表明，猪在摄取含有 ZEA 的日粮后，肠道绒毛高度、黏膜厚度和杯状细胞数量上均没有显著变化。而马璐璐研究发现，仔猪采食 3.0 mg/kg ZEA 污染的饲粮后，空肠蔗糖酶、麦芽糖酶和乳糖酶的活性均显著降低。肠道绒毛高度、隐窝深度和乳糖酶的活性均显著降低。肠道绒毛高度、隐窝深度、绒毛高度 / 隐窝深度比值是评价动物吸收营养物质能力的重要指标，绒毛高度 / 隐窝深度比值越大，吸收营养物质的能力越强。研究表明，ZEN 会破坏仔猪空肠绒毛和腺体，降低绒毛高度和绒毛高度 / 隐窝深度比值，导致肠道营养物质吸收面积减少。

2.2.4　ZEA 在体内代谢

ZEA 被动物摄取后，进入吸收与代谢的场所 —— 肠道和肝脏。ZEA 转化为 $\alpha - ZEL$、$\beta - ZEL$、ZAN、$\alpha - ZAL$ 和 $\beta - ZAL$ 这五种代谢产物，其代谢通路见图2-2。其中 $\alpha - ZEL$ 的雌激素活性是 ZEA 的 3 倍，$\beta - ZEL$ 与 ZEA 的雌激素活性相同。ZEA 的代谢分为两个阶段：代谢 I 阶段和代谢 II 阶段。在代谢 I 阶段，ZEA 或 ZAN 中的酮基产生的雌激素前体和 ZEA 衍生物通过脂质羟基化代谢生成相应的羟基化醇。ZEA 转变成 α-ZEL 和 β-ZEL，ZAN 由 3α/3β-羟基类固醇脱氢酶 3α-HSD 或 3β-HSD 催化转变成 α-ZAL 和 β-ZAL。在代谢 II 阶段，来自代谢 I 阶段的代谢产物被葡萄糖醛酸化和硫化。葡萄糖醛酸被尿苷二磷酸葡萄糖醛酸转移酶（uridine diphosphate glucuronyl transferase，UDPGT）催化生成葡萄糖醛酸。除了肝脏和肠道外，许多其他器官如前列腺、睾丸、肾脏、下丘脑和卵巢也存在 3α-HSD 和 3β-HSD 能够代谢 ZEA。还有研究表明，肠肝循环和胆汁排泄也是 ZEA 代谢的重要方式。由 ZEA 形成的葡萄糖苷酸主要在胆汁中排泄，也有的经过吸收作用由肠黏膜细胞进一步代谢，最终经血液进入肝脏和系统循环。由此可知，肝肠循环延长了 ZEA 在体内的滞留时间，延迟了 ZEA 及其衍生物在血液循环系统的消减，进而增强了它对机体的不利影响。同时，Malekinejad 等（2005）报道，猪的 UDPGT 表达要低于牛的，而 3α-HSD 的表达量要高于 3β-HSD，ZEA 在猪体内主要被转化成 α-ZEL，α-ZEL 与雌激素受体的结合能力最强，这也是猪比其他家畜对 ZEA 更加敏感的原因。

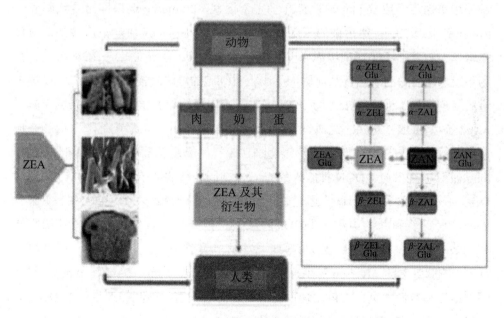

图 2-2　ZEA 的主要代谢通路

2.3 DON 对人类或动物的危害

DON 是镰刀菌最常见的真菌毒素之一，在世界各地的食品和饲料污染中经常发现。它通常会导致人类和动物腹泻、呕吐和胃肠道炎症。因此，DON 又被称为呕吐毒素。动物对 DON 的毒性反应存在种属、性别差异。猪最敏感，其次为小鼠、大鼠、家禽，反刍动物不太敏感，雄性动物比雌性动物更加敏感。DON 的毒性作用包括胃肠消化道毒性、免疫毒性和细胞毒性等。有研究发现 DON 可降低动物采食量，影响消化道的结构和肠道营养物质的吸收代谢，抑制畜禽生长发育。胃肠道是动物抵御外来有害化学物质、污染物和天然毒素的第一道防线，在宿主组织和肠腔之间起着选择性的屏障作用，肠道是机体最大的免疫器官。据报道，DON 急性/亚急性中毒表现呕吐（尤其猪）、拒食、采食量下降、体重减轻和腹泻等特征。研究发现，饲料含 DON 1.3 mg/kg 会显著降低生长猪的采食量和增重速度，12 mg/kg 饲粮猪几乎完全拒食，20 mg/kg 饲粮即可导致呕吐。Rotter 等报道，以自然污染的玉米饲粮饲喂仔猪，随 DON 质量浓度增加，胃黏膜增厚、皱褶加深等病理组织学变化更明显。Pinton 等研究报道 DON 改变了猪肠系膜水闸蛋白的表达，从而影响了肠上皮细胞的屏障功能。Kolf - Clauw 等报道质量浓度为 1 500 mg/mL 的 DON 可改变猪空肠的形态学变化，包括肠裂解。Awad 等以 DON 5 mg/kg 饲料饲喂肉鸡 21 d 发现，小肠（尤其是十二指肠）形态结构受到影响，导致肠绒毛变短变细，干扰了肠道葡萄糖和氨基酸的转运。Sergent 等研究报道，DON 抑制人的 Caco - 2 肠细胞的增殖，诱导 P38、ERK 和 JNK 的磷酸化，降低肠道的通透性。李群伟等的研究也表明，DON 能使家兔的心、肝、肾和脾的组织细胞出现肿胀、空泡变性、炎性细胞浸润及细胞坏死的病理变化。然而 Hara - Kudo 等研究发现，小鼠饮用 2 mg/L DON 的饮用水 3 周，并不影响脾脏质量。Iverson 等用每千克含 DON 0 mg、1 mg、5 mg、10 mg 的饲料饲喂雄性和雌性大鼠，大鼠出现肝脏肿瘤等肝脏损害。Doll 等通过研究 DON 对猪以不同方式和剂量给予（长期饲喂含有 DON 5.7 mg/kg 的小麦饲料、一次口服 550 mg 的 DON、静脉注射每千克体重 53 μg 的 DON），结果表明脾脏切片上的 IgA^+、$CD3^+$、$CD4^+$ 和 $CD8^+$ 与空白对照组无明显差异。以上大量研究结果表明，DON 对动物免疫器官组织会产生明显的病理学损伤。

2.3.1　DON 对细胞的毒性作用

DON 对细胞的毒性作用主要是改变细胞形态、促进炎性因子的升高、促进细胞凋亡、抑制蛋白的合成等。DON 对真核细胞和原核细胞都有损伤作用，DON 主要作用于生长较快的细胞，如肠上皮细胞、造血细胞等。Bracarense 等（2012）用含有 3 mg/kg DON 的饲料饲喂仔猪 4 周后发现，杯状细胞和淋巴细胞的数量显著下降。Le 等（2018）研究了 DON 和铬对 Caco－2、HEK－293、HepG293 和 HL－60 四种细胞的联合毒性作用，结果表明以上四种细胞的活性对 DON 均呈现剂量依赖效应，DON 对四种细胞的半数致死质量浓度分别为 2.88 μmol/L、1.24 μmol/L、18.4 μmol/L、1.27 μmol/L。

2.3.2　DON 对肠道的毒性作用

肠道是抵御真菌毒素的第一道防线。小肠是机体营养物质消化吸收的重要场所，其中消化酶是关键。当动物摄入被真菌毒素污染的饲料后，会改变肠道的屏障功能，抑制肠道消化酶的活性，影响肠道对营养物质的消化吸收，损伤免疫应答功能，增加传染病的感染系数，降低动物采食量和体重。DON 对肠道的主要毒性作用是诱导肠道组织的组织损伤、降低营养物质的吸收、造成消化功能障碍、影响肠道细胞的渗透性、降低肠道免疫力、改变肠道微生物区系等。Maresca 等（2008）将人的肠上皮细胞暴露于低质量浓度的 DON，结果表明 DON 可以通过肠上皮细胞引起共生细菌的易位，但是不改变肠道的通透性。Lucioli 等（2013）和 Pinton 等（2014）报道饲喂 DON 污染的饲料后引起猪空肠的病变，主要特征为缩短和合并绒毛，破坏肠上皮细胞和导致组织水肿。钠－葡萄糖共转运载体（SGLT－1）是转运葡萄糖的主要载体，也是肠道吸收水的主要载体。Maresca（2013）的试验证明 DON 能抑制 SGLT－1 的活性，一旦 SGLT－1 受到抑制，可能会导致营养疾病或者腹泻。有研究证明，DON 能影响肠道细胞 MAP 蛋白激酶的活性，从而影响蛋白形成的表达和细胞定位，最终增强肠道的细胞旁路渗透性。Wache 等（2009）用 DON 污染的饲料（DON 质量浓度为 2.8 mg/kg）饲喂断奶仔猪，28 d 后改变了猪肠道微生物区系，厌氧菌含量增加。Antonissen 等（2015）用霉变的饲料饲喂肉仔鸡，按照每千克体重 12 μg/d 的量饲喂 42 d，结果显示饲喂霉变饲料降低了十二指肠 MUC2 mRNA 的表达量，同时显著增加了半乳糖和唾液酸的含量。DON 对肠道的先天免疫反应具有直接或间接作用。苏军研究表明，DON 可显著降低猪肠上皮细胞蔗糖酶和麦芽糖酶活性。刘宁等研究发现，仔猪采食自然霉变饲粮后，十二指肠和空肠中胰蛋白酶、淀粉酶、脂肪酶活性均显著降低。DON 主要是通过影响肠道蛋白的表达，如炎性细胞因子、防御素、环氧合酶等来影响肠上皮细胞的免疫反应。

2.3.3　DON 的免疫毒性作用

DON 的免疫毒性作用主要是通过作用核糖体，诱导核糖体毒性应激反应，诱导激活 MAPK 通路，引发炎症相关基因表达为促炎性细胞因子，有明显胚胎毒性和一定致畸作用，可能有遗传毒性，但无致癌、致突变作用。DON 能显著增加小鼠血清 IgA 的含量，也能上调仔猪血清的炎性细胞因子的表达。许多研究报道，DON 可能是通过刺激 IL-8 的表达和分泌来间接参与神经中枢活动，比如导致拒食和呕吐等。Pestka（2010）报道 DON 对免疫细胞具有双重作用，低质量浓度的 DON 能引起炎性细胞因子 IL-8 分泌的增加，而高浓度的 DON 则抑制 IL-8 的分泌，可能是因为低浓度的毒素具有促炎作用，而高浓度的毒素对于肠道免疫来说是一种抑制剂，抑制了免疫反应。Bracarense 等（2012）发现，3 mg/kg 能上调 35 日龄仔猪的免疫因子 TNF-α、IL-1β、IFN-γ、IL-6 和 IL-10。Pasternak 等（2018）通过体外试验证明，仔猪饲喂含 DON 3.8 mg/kg 的饲料后第 24 天后能够显著降低紧密连接蛋白 7 的 mRNA 表达量。

2.3.4　DON 的急性和慢性毒性

对于单胃动物猪而言，其消化功能单一，主要以谷物为主食，因此是对 DON 最敏感的动物，其对 DON 的敏感性是其他动物的 100～200 倍，鸡对 DON 的耐受力最强。猪进食含 DON 的饲料后，会提高其脑中 5-羟色胺和 5-羟吲哚乙酸的浓度，从而对脑神经产生麻痹作用，影响大脑神经元。真菌毒素摄入后会引发一系列的中毒症状，急性中毒表现为呕吐、腹泻、血便、皮肤黏膜红肿和坏死、体温下降，慢性中毒表现食欲减退和增重减慢，降低生产性能，拒食，呈现"僵猪"现象。有研究表明，DON 能够引起猪呕吐的最小口服剂量为 0.1～0.2 mg/kg，当摄入 0.5 mg/kg 的 DON 后，5～7 min 就会引起呕吐。研究表明，猪在短期内饲喂低剂量的 DON 后会出现拒食的症状，而高剂量的饲喂会导致猪出现呕吐、腹泻等症状。Bracarense 等（2012）通过动物试验证明猪饲喂 0.6～3.0 mg/kg 被 DON 污染的饲料会降低饲料消化率。

2.4　伏马菌素对人类或动物的危害

2.4.1　伏马菌素对人类的危害

伏马菌素是由串珠镰刀菌产生的一种霉菌毒素，主要污染粮食及其制品（如食品、饲料），因此能够通过食物链对人类和家畜的健康构成多种危害。有研究表明，伏马菌素对粮食及其制品的污染情况在世界范围内普遍存在，其中玉米及其制品尤为严重。

首先，伏马菌素不仅被视为一种促癌物，而且被确认为一种致癌物。动物试验和流行病学资料已经显示，它主要损害肝肾功能，并能引起如马脑白质软化症和猪肺水肿等健康问题。此外，伏马菌素还与我国和南非部分地区高发的食道癌有关，这已引起世界范围的广泛关注。早在 1993 年，国际癌症研究机构就将伏马菌素列为 2B 类致癌物质（即人类可能致癌物）。

其次，伏马菌素还可能引起一些副作用，如恶心、头痛、过敏反应等。因此，孕妇和儿童等特殊人群应慎重使用伏马菌素。当需要接触或使用伏马菌素时，建议严格遵循医生或药师的建议，并遵循适量使用的原则。

最后，值得注意的是，真菌及其毒素是污染食品的重要生物性污染物质，它们的普遍性以及中毒后可能导致的高死亡率对人类健康构成严重威胁。因此，有关真菌及其毒素对人类健康的影响问题，一直是全世界科技工作者关注和研究的课题。

另有研究发现，伏马菌素与人类食管癌有密切关系。Yoshizawa 等调查了食管癌高发区河南林县玉米中伏马菌素的含量，发现该地区伏马菌素含量要远高于该省其他地区。邱茂峰等对我国食管癌高发区人群尿液中的 Sa/So 比值进行了调查，该比值是伏马菌素摄入体内的生物标记物，结果显示食管癌高发区 Sa/So 比值比其他地区显著偏高，这与 Yoshizawa 的调查结果一致，进一步提示伏马菌素可能是诱发食管癌的重要因素之一。

2.4.2　伏马菌素对动物的危害

伏马菌素对动物的危害主要体现在以下几个方面。首先，当动物摄入伏马菌素污染的饲料时，它会影响动物的多个生理系统，导致采食量和效率降低。这直接影响了动物的营养摄入和生长发育，对畜牧业的生产效益产生负面影响。其次，伏马菌素对动物的肝脏造成损害。肝脏是动物体内的重要代谢器官，负责排除体内的毒素和废物。然而，伏马菌素的摄入会导致肝脏功能受损，影响动物的健康和生产性能。自 1988 年 Gelderblom 等第一次分离出伏马菌素，其毒性作用被陆续证实。此外，根据动物试验和流行病学资料，伏马菌素还可能导致动物出现特定的疾病症状。有研究表明，伏马菌素与马脑白质软化症、猪肺水肿症、羊肝肾病变和人类的食道癌等人畜疾病密切相关。这些症状的出现进一步证明了伏马菌素对动物健康的潜在威胁。1988 年，Marasas 等在研究伏马菌素的毒性时，发现伏马菌素能够引起马脑白质软化症，后来大量试验也证明伏马菌素具有广泛的神经毒性作用。急性伏马菌素（FB_1）暴露在导致大脑过度兴奋的同时，也提高了大脑皮质中线粒体的膜电位。也有研究表明 FB_1 对断奶仔猪脑和垂体的乙酰胆碱酶活性有显著影响，能使正在生长的猪脑发生神经化学改变而引起不良反应。在随后的研究中，研究人员发现伏马菌素对大鼠的外周神经发育系统有影响。

伏马菌素不仅具有神经毒性，而且具有组织器官毒性及致癌性。体内、体外试验研究表明伏马菌素对肝脏、肾脏、肠道等组织器官均具有毒性作用，高剂量或长期使用甚至表现致癌性。与黄曲霉毒素一样，肝脏也是伏马菌素作用的主要靶器官，肝脏毒性是伏马菌素最重要的一种危害特性，用 FB_1 作用于人正常肝细胞 HL－7702，发现 FB_1 可减少 HL－7702 细胞 G0/G1 期的细胞数目，改变其细胞周期的分布，进而产生肝脏毒性作用。通过研究成年大鼠喂食含 50 mg/kg FB_1 饲料后的急性肝效应发现，FB_1 抑制大鼠的生长和采食量，其绝对和相对肝重显著增加，且肝素中脂肪酸的比例发生明显变化，FB_1 表现出了相当强烈且迅速的肝脏毒性作用。Gelderblom 等同样给大鼠喂食含 50 mg/kg FB_1 的饲料，26 个月后，诱发了大鼠肝癌。Bertrand 等将仔猪暴露于 FB_1，持续 14 d，病理结果显示肝脏发生肝细胞空泡化、巨细胞增多及少量坏死现象，同样证实了 FB_1 的肝脏毒性。肾脏毒性是伏马菌素另一主要的危害特性，且有研究表明肾脏对 FB_1 的敏感性要比肝脏高，在较低质量浓度时即可造成大鼠肾脏损伤。韩薇等研究了伏马菌素对 BHK 细胞（叙利亚仓鼠肾细胞）的毒性作用，结果显示 BHK 细胞的活力随着伏马菌素质量浓度的递增而下降，其损伤作用明显。Li 等发现给 Fischer 344/N/Netr 大鼠喂食含 50 mg/kg FB_1 的饲料 2 年后，可造成大鼠肾脏损伤甚至诱发肾癌。

除此之外，FB_1 还能诱导动物机体的免疫毒性。例如，用 15 mg/kg 的 FB_1 饲喂大鼠后，致使大鼠体内 $IL-1\beta$、$IL-2$、$IFN-\alpha$ 和 $IFN-\gamma$ 的表达量显著增加；当给大鼠喂食 FB_1 后，脾脏单核细胞（SMC）中 $IL-4$ 和 $IL-10$ 的 mRNA 表达水平显著提高。同样地，在体外培养胸腺细胞和脾细胞暴露于 FB_1 时，细胞表面受体 CD3、CD4 和 CD8 也能诱导细胞毒性。

有报道称 FB_1 能诱导 T 淋巴细胞信号转导和免疫功能。T 淋巴细胞通过 T 细胞参与细胞的活化和凋亡受体并诱导 $IL-2$ 的产生，$IL-2$ 参与细胞的免疫调节。免疫毒性 FB_1 对细胞的作用与 $IL-2$ 密切相关。研究表明，细胞免疫可能与鞘脂代谢和鞘脂产物的破坏代谢可以影响免疫相关受体的表达有关。例如，FB_1 通过影响细胞 CD3、CD4 和 CD8 的表达来影响细胞免疫应答。外源性鞘氨醇可影响原发淋巴细胞和降低胸腺和脾脏细胞 $CD4^+$ 和 $CD8^+$ 的含量。体外添加 1 mU/mL 神经酰胺可增加成人真皮成纤维细胞和淋巴细胞中 $IL-2$ 的产生（参与调节免疫功能和炎症反应）。总之，免疫功能受损可能与 FB_1 介导的鞘脂代谢有关。FB_1 对免疫功能的影响也与性别有显著的相关性。分别给雌雄小鼠注射 25 mg/kg FB_1，在雄性小鼠的肝、肾、胸腺、脾脏质量中其含量显著减少，而在雌性小鼠中却没有显著变化。由此可见，雄性动物对 FB_1 的毒性作用有一定的抑制作用，其原因尚不清楚。因此，在未来的研究中可以对这种由性别差异引起的毒性差异的机制进行更加深入的研究。

伏马菌素不仅可单独致病，而且可以与其他真菌毒素（如黄曲霉毒素）之间存在联合毒性作用。伏马菌素与其他真菌毒素之间可能存在联合毒性作用，但具体的联合效应及其机制还需要进一步的研究来明确。在自然界中，食物往往可能同时受到多种真菌的污染，因此可能同时存在多种真菌毒素。这些毒素在食物中的共存可能会产生协同效应、相加效应或拮抗效应，对生物体造成更为复杂和严重的危害。

伏马菌素主要由串珠镰刀菌产生，而不同的真菌可能产生不同的毒素，如黄曲霉产生的黄曲霉毒素、禾谷镰刀菌产生的脱氧雪腐镰刀菌烯醇等。这些毒素在生物体内的代谢和毒性作用机制可能存在差异，但它们也可能在某些环节上存在共同的作用点或相互影响的因素。因此，当食物中同时存在伏马菌素和其他真菌毒素时，它们可能通过不同的途径对生物体造成危害，也可能在某些环节上相互加强或减弱其毒性作用。这种联合毒性作用可能导致更严重的健康问题，增加了人类和动物的潜在风险。

然而，目前关于伏马菌素与其他真菌毒素之间的联合毒性作用的研究还相对较少。为了更好地了解这些毒素之间的相互作用及其对人类和动物的健康影响，需要进一步开展深入的研究，包括联合暴露的毒性评估、作用机制的探索以及预防措施的制定等。这将有助于更全面地评估真菌毒素对人类和动物的危害，并制定相应的食品安全策略。

2.4.3 伏马菌素对细胞的危害

伏马菌素对细胞的危害主要体现在其强烈的毒性作用。体外研究表明，伏马菌素（特别是其主要成分 FB_1）在不同的细胞系中显示出强烈的毒性。具体来说，FB_1 具有破坏细胞 DNA 的能力，这可能导致细胞损伤和功能障碍。例如，有试验表明，给小鼠静脉注射 FB_1 后，试验组中有 85% 的脾脏细胞 DNA 发生断裂。此外，FB_1 还可能影响细胞的增殖和活力。在试验中，雌性小鼠在暴露于 FB_1 后，其脾细胞和淋巴细胞增殖率下降，胸腺中未成熟的 $CD4^+/CD8^+$ 双阳性细胞数量也下降。这些变化可能导致免疫系统的功能受损。伏马菌素对细胞的这些毒性作用可能与其致癌性有关。国际癌症研究机构已经将伏马毒素 B_1 等列入 2B 类致癌物。这意味着伏马菌素可能对细胞产生长期的负面影响，增加细胞发生癌变的风险。

因此，对于人类和动物来说，控制伏马菌素的摄入和暴露是非常重要的，以预防其对细胞造成的潜在危害。在农业生产和食品加工过程中，应采取有效的措施来减少伏马菌素的污染，确保食品和饲料的安全。

2.5 赭曲霉毒素对人类或动物的危害

赭曲霉毒素是一组由曲霉属和青霉属真菌产生的化合物，主要包括 7 种结构类似的化合物。其中，赭曲霉毒素 A（OTA）是毒性最大、分布最广、产毒量最高的一种，它在霉变谷物、饲料等中最为常见。OTA 对农产品的污染较重，且与人类健康关系最为密切。

赭曲霉毒素主要侵害动物的肝脏与肾脏，引起肾脏损伤，大量的毒素还可能引起动物的肠黏膜炎症和坏死。此外，赭曲霉毒素是继黄曲霉毒素后又一个引起世界广泛关注的霉菌毒素，其通常在 25～28 ℃、高湿度、阴暗静置条件下培养 1～2 周产毒效果较好。

在食品生产和加工过程中，为预防赭曲霉毒素的污染，应严格选择卫生安全的食品原料，并采取适当的储存和处理措施。对于已经受到污染的食品，应采取有效的去除措施，以保障食品的安全性和人类的健康。

总之，赭曲霉毒素是一种重要的食品污染物，对人类和动物的健康构成潜在威胁。因此，需要加强对其产生机理、毒性作用及预防措施的研究，以维护食品安全和人类健康。

2.5.1　赭曲霉毒素对动物的危害

赭曲霉毒素对动物的危害主要体现在对肾脏、肝脏和免疫系统的损害上。首先，赭曲霉毒素主要侵害动物的肾脏，导致肾脏损伤。这种毒素可引起急性和慢性的肾脏损害，影响肾脏的正常功能。动物在摄入赭曲霉毒素后，可能会出现肾小管上皮损伤、肾脏萎缩、近曲小管变性和间质纤维化等病变。这些病变可能导致肾功能下降，严重时甚至可能导致肾功能衰竭。其次，赭曲霉毒素也对动物的肝脏产生毒性作用。肝脏是动物体内的重要代谢器官，负责解毒和代谢功能。然而，赭曲霉毒素的摄入会损害肝脏细胞，影响肝脏的正常功能。这可能导致肝脏功能下降，影响动物的健康和生产性能。此外，赭曲霉毒素还可能对动物的免疫系统产生负面影响。免疫系统是动物体内的重要防御机制，负责识别和抵抗病原体。然而，赭曲霉毒素的摄入可能抑制免疫系统的功能，使动物更容易受到疾病的侵袭。

除了上述主要危害外，赭曲霉毒素还可能对动物的生长和发育产生不良影响。它可能抑制动物的生长，导致其生长迟缓或停滞。同时，它还可能影响动物的饲料转化效率，降低饲料的利用率。在动物试验中，赭曲霉毒素还显示出致畸作用。它可能导致受试动物的胎儿畸形、流产及死亡。这表明赭曲霉毒素对动物的繁殖和后代健康也存在潜在威胁。

因此，为了保证动物的健康和生产性能，应严格控制饲料和环境中的赭曲霉毒素含量。在饲料加工和储存过程中，应采取适当的措施防止霉菌的生长和毒素的产生。同时，对于已经受到污染的饲料，应及时处理并避免用于动物饲养。值得注意的是，以上只是赭曲霉毒素对动物危害的一部分内容，其具体的危害程度和影响因素可能因动物种类、年龄、健康状况以及暴露剂量和时间等因素而有所不同。因此，在实际应用中，需要根据具体情况进行综合评估和控制。

2.5.2　赭曲霉毒素对细胞的危害

首先，OTA 能够阻断氨基酸 tRNA 合成酶的作用，从而影响蛋白质的合成。

这种影响会导致 IgA、IgG 和 IgM 等免疫相关物质的减少，抗体效价降低，从而损害体液免疫，增加感染的风险。其次，OTA 能够引起细胞损伤，对细胞的 DNA 稳定性产生破坏。这主要体现在 OTA 引起的 DNA 链断裂，形成拖尾现象，即彗星实验结果所显示的。再次，OTA 还会影响 DNA 甲基化，导致 DNA 中 5 - 甲基脱氧胞苷（5mdC）质量分数显著下降，这进一步证明了 OTA 对 DNA 稳定性的破坏。此外，OTA 还会对细胞的能量产生造成抑制。它通过降低线粒体膜电位和细胞 ATP 质量浓度，激活线粒体凋亡途径，导致细胞凋亡和自噬细胞死亡。OTA 还可以穿透线粒体，干扰磷酸盐运输和电子传递，与维持膜电位和氧化磷酸化的蛋白质结合，从而影响细胞的能量代谢。最后，OTA 还会引起细胞上清液中酸脱氢酶（LDH）、谷草转氨酶（GOT）和谷丙转氨酶（GPT）活性的升高，诱导细胞内活性氧（ROS）生成，降低超氧化物歧化酶（SOD）活力，造成氧化损伤。

综上所述，赭曲霉毒素对细胞的危害是多方面的，包括影响蛋白质合成、破坏 DNA 稳定性、抑制细胞能量产生以及造成氧化损伤等。这些毒性作用可能对细胞的正常功能和机体的健康产生严重影响。因此，对于可能受到赭曲霉毒素污染的食品或饲料，应采取严格的控制措施，以保障人类和动物的安全。

2.5.3 人类食用含有 OTA 的猪肉及其衍生产品的风险评估

目前关于人类食用含有 OTA 的猪肉及其衍生产品的风险评估的研究不多。JECFA 根据猪肾毒性作用的最低观察不良效应水平（LOAEL），确定了每千克体重 100 ng 的临时每周允许摄入量（PTWI）。欧洲食品安全局采纳了一项有关 OTA 的科学意见，并根据猪最低观察不良效应水平得出了 120 ng/kg（相当于每千克体重每天 17 ng/kg）的可耐受周摄入量（TWI）。这一数据在 2010 年得到了再次确认。随后，加拿大卫生部重新评估了欧洲食品安全局提出的 TWI 的适应性，并确定了每千克体重每天可耐受摄入量（TDI）为 3 ng/kg（这相当于每千克体重 21 ng/kg TWI）。在欧洲人群中，成年消费者的膳食中含有 OTA 毒素的水平估计为每周每千克体重 15～60 ng/kg（为每千克体重每天 2～8 ng/kg），这一范围低于既定的 TWI。然而，儿童和某些具有特定消费习惯的消费者群体的饮食受到 OTA 污染的概率可能会更高些。

根据 1997～1999 年和 2000～2002 年的两个关于欧洲市场商品中 OTA 的发生率和欧盟成员国饮食中 OTA 的暴露情况研究项目的结果，猪肉中含有 OTA 仅占预估总摄入量的 1%。在 Frohlich 等的早期研究中发现加拿大人的血液中发现 OTA（40%）的存在，因此他们认为 OTA 可能是通过猪肉产品进入人类食物链中的。通过计算得出，德国消费者每天从食用香肠中摄入的 OTA 为 1.6 ng。在美国的一项研究中发现，消费人群中猪肉的平均 OTA 暴露量为每千克体重每天 0.16 ng/kg。JECFA 估计每千克体重每周从猪肉中摄取的 OTA 为 1.5 ng/kg。据估计，欧洲消费者每千克体重每周接触 OTA 的量为 45 μg/kg，从猪肉中摄入 OTA 的量为每千克体重每周 1.5 ng/kg。人类接触 OTA 似乎主要与食用受污染的植物源性产品有关，与动物源性食品的关系很小。然而，经常食用某些猪血液制品会大大增加暴露水平，尤其是儿童，与成人相比，儿童的体重相对较低，导致每千克体重的暴露量较高。

2.6　国内外对霉菌毒素联合作用的研究

目前，国内外对多种霉菌毒素的联合作用报道虽然很多，但是仍缺乏这方面的基础研究，多种霉菌毒素混合污染引起的联合毒性对人类和动物的健康造成严重的安全隐患。

2.6.1　霉菌毒素联合作用对细胞的影响

Yip 等（2017）研究表明，AFB_1 和 ZEA 在浓度 $1 \sim 100$ nmol/L 时，对人乳腺癌细胞系 MCF - 7 细胞生长、DNA 合成和细胞周期进程具有显著的交互作用。当 ZEA 促进细胞生长、DNA 合成和细胞周期进程时，AFB_1 具有细胞毒性并抵消 ZEA 的促进作用。同时，ZEA 改变了几种与乳腺癌相关基因的表达，而 AFB_1 对基因表达的影响较小。Xia 等（2017）采用电化学阻抗谱技术评价 AFB_1 和 ZEA 的单独和联合毒性，结果表明 AFB_1 和 ZEA 以剂量依赖效应显著降低细胞活力，AFB_1 与 ZEA 二元混合物具有拮抗作用。另外，以猪肾 15 细胞（PK - 15）为细胞模型，Lei 等（2013）研究了 AFB_1、ZEA、DON 和伏马毒素 B_1 对动物的肾毒性，结果发现 AFB_1、ZEA 或 DON 对细胞毒性具有协同作用。低剂量 AFB_1 对 ZEA 具有拮抗作用，但高剂量的 AFB_1 与 ZEA 或 DON 对氧化损伤具有协同作用。Sun 等（2015）研究了 AFB_1、ZEA、DON 和伏马毒素 B_1 对大鼠肝细胞（BRL3A）的单独和联合毒性作用，结果表明 AFB_1 和 ZEA 对 BRL3A 细胞具有协同毒性作用。Zhou 等（2017）研究发现 AFB_1、DON 和 ZEA 的单独、二元和三元组合对 HepG2 和 RAW 264.7 细胞的细胞活力和细胞扰动产生影响，

其中 AFB_1 和 ZEA 联合作用表现出拮抗作用。Jia 等（2016）研究发现黄曲霉毒素和 ZEA 对产蛋量和采食量具有协同效应，而且，黄曲霉毒素单独或联合 ZEA 对恢复期产蛋性能有持续的毒害作用。Sun 等（2014）在评估 AFB_1 和 ZEA 对小鼠肝脏的单独和联合毒性作用的试验中发现，AFB_1 和 ZEA 均可引起肝损伤，而 AFB_1 和 ZEA 则表现出拮抗效应。同样地，Zhou 等（2017）在研究 AFB_1 和 ZEA 在鱼类细胞系（BF‑2）和斑马鱼幼体（野生型和转基因）中的单独和联合作用时发现，AFB_1 和 ZEA 协同增强对 BF‑2 细胞和斑马鱼的毒性作用。在 Chang 等（2020）的研究中，50 μg/kg AFB_1 单独或与 500 μg/kg ZEA 联合作用引起肉仔鸡的平均日增重和平均日采食量均低于对照组，腹泻率和死亡率均显著增高；另外，AFB_1 和 ZEA 单独或联合作用引起肝脏炎症，显著降低空肠肠绒毛高度和隐窝深度，与此同时，二者的联合作用使 ZEA 在肝脏、血清和空肠的残留量相对于 AFB_1 和 ZEA 单独作用显著增加。

2.6.2 霉菌毒素对动物和人类健康的毒性作用

首先霉菌毒素主要是通过消化吸收作用，有报道称霉菌毒素也可通过皮肤或吸入途径作用。单胃动物采食被霉菌毒素污染的饲料后，80% 以上的霉菌毒素在胃肠道前端通过被动运输被机体吸收，后转入肝脏进行代谢，从而引起肝脏损伤、食欲不振以及生长性能下降等中毒现象。肠道作为毒素吸收的主要部位，毒素暴露的浓度远高于机体其他部位，但是关于霉菌毒素对动物肠道影响的研究不多。对于单胃动物而言，大量霉菌毒素吸收主要发生在肠道。在吸收之前，只有少量霉菌毒素能够被降解。而微生物在霉菌毒素及其衍生物降解方面起到至关重要的作用，值得注意的是霉菌毒素能够加强肠道病原菌的毒性作用，以及通过增加需氧菌数量改变肠道微生物菌群平衡，从而成为慢性炎症疾病的一个潜在风险因素。目前，众多研究表明肠道健康是人和动物健康的关键因素，而益生菌对维持肠道健康的作用已经成为广大学者研究的热点。霉菌毒素是否通过使肠道微生物区系发生紊乱及损伤肠道的屏障功能而降低动物生产性能和损害动物健康，还有待于进一步研究。

第 3 章　霉菌毒素在饲料中的污染情况

霉菌毒素污染的情况在发达国家和发展中国家中普遍存在，而且往往是多种霉菌毒素污染并存。首先作为饲料原料的农作物在种植、收获、加工、运输和储存各个环节都会受到不止一种霉菌的污染。霉菌毒素的联合作用毒性远大于单一霉菌毒素所具有的毒性。另外，饲料在加工、储存和运输等环节再次受到霉菌毒素污染的机会也很多。动物采食霉菌毒素污染的饲料后，这些毒素就会在动物体内富集，残留在肉、蛋、奶等畜产品中，经食物链危害人类健康和生命。虽然，国内外专家对饲料中的单一霉菌毒素做出了具体限量，他们在制定饲料卫生标准时，只考虑单一的或某一类霉菌毒素的危害，而不能顾及多种霉菌毒素混合污染带来的联合毒性问题，仅用一种污染物的毒性来评价其所在真实环境中的毒性效应是不科学的，因此存在着极大的安全隐患。

3.1　AFB$_1$ 的污染现状

在国内，近年来对饲料原料及配合饲料中霉菌毒素污染的调查表明，AFB$_1$ 的检出率较高。例如，在 2017 年和 2018 年的调查中，粗类原料和全价饲料中的 AFB$_1$ 检出率最高。此外，玉米赤霉烯酮（ZEA）和脱氧雪腐镰刀菌烯醇（DON）也在不同饲料原料中被检出，且三者共同检出的比例很高。这些毒素的存在可能对饲料质量和动物健康产生负面影响。在 2019 年 1 月至 2020 年 12 月，雷元培等在全国 16 个省市采集到饲料原料和全价料共计 1 416 份的样品中，2019 年玉米、玉米副产物、小麦计麸皮、杂粮及全价配合饲料中 AFB$_1$ 的检出率分别为 97.93%、94.91%、94.88%、92.12%、98.77%，超标率分别为 14.88%、19.44%、3.98%、0、7.69%；2020 年的检出率分别为 97.04%、90.83%、87.05%、94.88%、100.00%，超标率分别为 9.63%、0.92%、1.55%、3.72%、7.27%。2019 年玉米、玉米副产物中 AFB$_1$ 的超标率较高，小麦及麸皮、杂粮中超标率较低，2020 年玉米中 AFB$_1$ 超标率最高，玉米副产物、小麦及麸皮中超标率较低（表 3-1）。

表 3-1 2019 ~ 2020 年饲料原料及全价配合饲料中霉菌毒素检测结果

项目		样品个数		检出率 /%		平均含量 / ($\mu g \cdot kg^{-1}$)		超标率 /%		最高值 / ($\mu g \cdot kg^{-1}$)	
		2019 年	2020 年	2019 年	2020 年	2019 年	2020 年	2019 年	2020 年	2019 年	2020 年
AFB$_1$	玉米	242.00	405.00	97.93	97.04	17.60	13.54	14.88	9.63	114.23	125.22
	玉米副产品	216.00	218.00	94.91	90.83	30.89	11.02	19.44	0.92	1 054.22	63.32
	小麦及麸皮	254.00	193.00	94.88	87.05	8.73	2.53	3.98	1.55	73.34	53.33
	杂粮	165.00	215.00	92.12	94.88	7.82	4.48	0	3.72	43.15	69.70
	全价配合饲料	325.00	385.00	98.77	100.00	13.27	6.98	7.69	7.27	484.34	108.22
ZEA	玉米	242.00	405.00	90.08	95.31	110.90	191.00	6.94	7.90	2 198.23	3 592.50
	玉米副产品	216.00	218.00	100.00	100.00	233.70	739.51	17.36	9.63	3 874.41	2 573.25
	小麦及麸皮	254.00	193.00	91.62	87.05	180.53	280.08	7.48	17.10	1 976.89	5 973.27
	杂粮	165.00	215.00	84.84	82.79	77.51	44.41	0	0	258.88	88.19
	全价配合饲料	325.00	385.00	100.00	100.00	92.42	98.77	6.77	5.45	39.54	1220.21
DON	玉米	242.00	405.00	98.35	99.51	273.17	852.31	0	8.64	1 550.37	8 258.33
	玉米副产品	216.00	218.00	100.00	100.00	1 161.09	1 160.47	4.63	6.88	6 722.52	7 712.84
	小麦及麸皮	254.00	193.00	100.00	100.00	1 056.45	1 205.13	11.02	5.18	6 290.31	8 734.28
	杂粮	165.00	215.00	92.72	87.44	182.42	114.25	0	0	978.91	462.15
	全价配合饲料	325.00	385.00	98.15	100.00	332.22	511.23	3.38	9.09	3 580.63	3 772.20

在国际上，黄曲霉毒素的污染问题同样存在。例如，在 2024 年，我国出口的花生多次被欧盟食品饲料类快速预警系统（RASFF）通报不合格，原因均涉及

黄曲霉毒素。这表明黄曲霉毒素的污染不仅会影响国内食品安全，也对国际贸易产生了一定影响。为了应对黄曲霉毒素的污染问题，国内外都采取了一系列措施。在国内，相关部门加强了对饲料和食品中霉菌毒素的监测和监管，以确保食品安全。在国际上，各国也加强了进出口食品的安全检查，以保障消费者的健康。总的来说，黄曲霉毒素的污染现状在国内外都较为严峻，需要各方共同努力来加强监测、监管和防控措施，以保障食品安全和人类健康。同时，公众也应提高食品安全意识，选择合格的食品和产品。

3.2　ZEA 的污染现状

　　ZEA 是镰刀菌属产生的一种真菌毒素，主要污染玉米及其副产物，对动物和人类健康构成潜在威胁。国内外均存在 ZEA 的污染问题，但具体现状可能因地区、气候和种植条件等因素而有所差异。在国内，由于大部分农业种植区域位于太平洋西岸，呈现出夏季炎热多雨、雨热同期、冬季海陆温差大的季风气候特征，较易受 ZEA 的污染。从历年各检测数据可以看出，ZEA 的污染程度与气温和降雨等气象条件密切相关。在气温较低的月份，ZEA 的污染相对较轻；而随着气温回升，ZEA 的污染情况变得严重。此外，ZEA 对母猪等家畜的繁殖毒性较大，可能导致流产、死胎、假孕等严重后果，给养殖业带来巨大损失。

　　调查结果表明，ZEA 是中国饲料原料以及配合饲料检出含量最高的霉菌毒素之一。一般情况下，ZEA 的污染主要是通过农作物收割前感染霉菌所致，因此 ZEA 也被称为"田间毒素"。ZEA 污染粮食后，在加工过程中不易被消灭，跟随相应体系进入饲料行业、动物养殖行业甚至食品加工领域，引起严重的食品安全问题，甚至危害人类的自身健康。2014 年，季海霞等的调查结果表明，收集的各种饲料产品及饲料原料全部检测到了 ZEA，污染的最高值为 1 778.52 μg/kg，多数来自玉米副产品。在 2015 年上半年，在国内 10 个地区收集的 458 份样品中，ZEA 检出率高达 99.78%，含量最高值为 1 518.18 μg/kg，同样多数来自玉米副产品。2018 年上半年，龚阿琼等从黑龙江、广西、重庆和河北等地共收集样品 63 份，在饲料及饲料原料中 ZEA 检出率为 80%，玉米副产物 ZEA 检出率高达 100%，含量最高值为 794.06 μg/kg。从表 3-1 可以看出，2019 年玉米、玉米副产物、小麦及麸皮、杂粮和全价配合饲料中 ZEA 的检出率分别为 90.08%、100.00%、91.62%、84.84%、100.00%，超标率分别为 6.94%、17.36%、7.48%、0、6.77%；2020 年的检出率分别为 95.31%、100.00%、87.05%、82.79%、100.00%，超标率分别为 7.90%、9.63%、17.10%、0、5.45%。2019 年玉米副产物 ZEA 超标率最高，其中主要以 DDGS 为主，2020 年玉米副产物、小麦及麸皮中 ZEA 超标率较高，且 2019 年和 2020 年杂粮的超标率均为 0，表明杂粮最不易受 ZEA 污染。

在国际上，ZEA 的污染问题同样受到广泛关注。各国纷纷制定了针对 ZEA 的限量规定，以保障饲料和食品的安全。例如，澳大利亚对谷物中的 ZEA 检测限量规定为 ≤ 50 μg/kg，意大利的限量规定为 ≤ 100 μg/kg，而法国的限量规定则为 ≤ 200 μg/kg。这些限量规定的制定和实施，有助于控制 ZEA 的污染程度，保障饲料和食品的质量安全。为了减少 ZEA 的污染，国内外都采取了一系列措施，包括改进种植技术、优化储存条件、加强饲料和食品的监测与检测等。同时，科研人员也在积极研究 ZEA 的生物脱毒技术，以期找到更有效的解决方法。

综上所述，ZEA 在国内外均存在污染问题，但通过采取一系列措施，可以逐步减轻其污染程度并保障饲料和食品的安全。然而，由于气候、种植条件等因素的差异，不同地区的 ZEA 污染现状可能有所不同，因此需要持续关注并采取针对性措施加以应对。

3.3 DON 的污染现状

DON 是世界上最常见的真菌毒素之一。它主要产生于谷物中，比如小麦、大麦、燕麦、黑麦、玉米等。一项全球性饲料和饲料原料真菌毒素污染的调查显示，DON 的检出率为 56%。Mallmann 等（2017）总结了 2008 ~ 2015 年巴西的大麦和小麦中 DON 和 ZEA 的污染情况，结果表明小麦和大麦中 DON 和 ZEA 的检出率分别为 67%、41% 和 73%、38%，大麦和小麦中 DON 的平均含量分别为 737 μg/kg、660 μg/kg，其中 2014 年 DON 的污染达到顶峰，有 58% 的样品 DON 平均含量为 1 274 μg/kg。我国真菌毒素污染情况也比较严重，尤其 DON 最严重。廖鹏等（2016）分别从江苏、山东、河南、浙江、河北、安徽 6 个省份收集了 90 份猪配合饲料（2013 ~ 2015 年），同时从江苏、山西等 13 个省份收集了 220 份玉米样品，检测结果表明 2013～2015 年猪配合饲料和玉米中 DON（含量 ≥ 100 μg/kg）的检出率分别为 100%、66.7%、84.2% 和 96%、98.2%、100%。刘凤芝等对 2017 年上半年我国主要畜牧生产省份饲料和养殖企业的饲料及饲料原料 356 份样品进行 AFB_1、DON 和 ZEA 含量的分析，结果表明三种毒素的检出率分别为 87.8%、98.3% 和 95.0%，超标率分别是 2.4%、51.8% 和 33.2%，与 2016 年相比，AFB_1、ZEA 和 DON 的检出率和超标率都有所增加。研究人员预测小麦赤霉病在长江中下游、江淮、黄淮南部麦区大流行，黄淮北部麦区偏重流行，发生面积和防治面积在 1 亿亩[①] 和 2 亿亩以上。由 2019～2020 年饲料及饲料原料中 DON 污染情况（表 3-1）可知，2019 年玉米、玉米副产物、小麦及麸皮、杂粮和全价配合饲料中 DON 检出率分别为 98.35%、100.00%、100.00%、92.72%、98.15%，超标率分别为 0、4.63%、11.02%、0、3.38%，2020 年检出率分别为 99.51%、100.00%、100.00%、87.44%、100.00%，超标率分别为 8.64%、6.88%、5.18%、0、9.09%。2019 年小麦及麸皮中 DON 超标率最高，污染较为严重，而 2020 年玉米和全价配合饲料中 DON 超标率略高，其中玉米以东北玉米中 DON 含量较高。周健庭等对 2021 年饲料原料的污染情况进行调查发现，谷物及其副产物中检测出的 DON 比 2020 年提高了 311%，且在各地区的多种饲料中均有污染，其中猪饲料污染程度最高，其次是家禽饲料。此外，张君超等对 2022 年第一季度收集的 57 份粕类样品进行真菌毒素检测分析，发现 DON 的检出率为 45%，检出平均值为 1 381.2 μg/kg，检出最大值为 7 694.3 μg/kg。

3.4　霉菌毒素联合的污染现状

据报道，全球 30%～100% 的食品和饲料样品受到霉菌毒素的污染。2009～2011 年，Rodrigues 和 Naehrer（2012）对来自美洲、欧洲和亚洲的 7 049 份饲料原料（玉米、豆粕、小麦、DGGS）和全价料进行分析，AFB_1、ZEA、DON、FUM 和 OTA 的阳性检出率分别为 33%、45%、59%、64% 和 28%，其中 81% 的样品至少含有一种霉菌毒素。Streit 等（2013）调查发现，72% 的饲料样品至少被一种霉菌毒素污染，38% 的饲料样品被多种霉菌毒素污染。而我国的霉菌毒素污染的情况更为严重。2012～2014 年，Liu 等（2016）采用高效液相色谱结合紫外或荧光技术，对我国中部地区采集的 2 528 份饲料原料和饲料全价料样品进行

①亩为非法定计量单位，1 亩 = 666.67 m^2。

霉菌毒素检测，分别对 2 083 份、255 份和 190 份样品进行 AFB_1、ZEA 和 DON 检测分析，结果显示，饲料原料和全价饲料中 AFB_1、ZEA 和 DON 阳性检出率分别为 33.9%、90.2% 和 77.4%。其中 AFB_1 阳性检出率从 13.10% 到 97.10% 不等，棉籽粕的 AFB_1 污染最为严重，饲料中 ZEA 和 DON 的污染率在 50% ~ 100%。以上研究表明，在 2012 ~ 2014 年，我国中部地区 AFB_1、ZEA 和 DON 的污染比较严重，大多数饲料被 ZEA 污染，其次是 DON 和 AFB_1。2013 ~ 2014 年，对从我国 14 个省份收集到的 357 份饲料原料样品分析结果表明，这些饲料原料样品（棉籽粕、大豆粉、麦麸和 DDGS）中 95% 被至少两种霉菌毒素污染，仅有 4.5% 的样品被一种霉菌毒素污染，0.6% 的饲料原料没有被霉菌毒素污染。这说明我国饲料原料被多种霉菌毒素污染的情况也是非常严重的。Li 等（2014）调查了 2011 年北京的 55 份饲料原料（DDGS、豆粕、麦麸和玉米）和 76 份全价饲料（教槽料、前期料、育肥料、育肥后期料、怀孕母猪料和哺乳料），结果表明 AFB_1、DON、ZEA 和 T - 2 毒素这四种霉菌毒素的检出率为 100%。2016 年，黄俊恒等从北京、福建、安徽、山东、广东、湖南等 20 个省市收集了 839 份饲料及饲料原料，检测结果显示，AFB_1 在全价料中的检出率达到 99%，最高值达到 205 μg/kg，超标率达到 4.8%；在玉米及玉米副产物中的检出率达到 100%，最高值达到 1 545 μg/kg，超标率达到 28.6%。ZEA 在全价饲料中的检出率达到 99.60%，最高值达到 6 855 μg/kg，超标率达到 3.90%；ZEA 在饲料原料玉米及胚芽粕中超标严重，均为 66.70%，其中玉米中 ZEA 含量最高，最大含量达到 6 782.80 μg/kg。2016 ~ 2017 年，对来自中国不同区域的 742 份饲料原料及 827 份全价猪饲料进行检测，结果显示 AFB_1 和 ZEA 的阳性率分别为 83.30% 和 88.00%。AFB_1 的平均水平为 1.6 ~ 10.0 μg/kg，相对于 2012 ~ 2015 年报道的 0.4 ~ 627.0 μg/kg 有所降低；但是 AFB_1 的检出率仍为 76.9% ~ 100%，在 1 016 份检测样品中，有 1% 的样品超出了国家安全标准。值得注意的是，其中 75.00% 的样品同时检测出两种或三种霉菌毒素。研究人员对 1989 ~ 2017 年全球多个地区霉菌毒素联合污染情况进行连续调查研究，结果显示 2004 ~ 2012 年 DON、ZEA 和其他霉菌毒素的阳性检出率较高，并且 1989 ~ 2016 年和 2008 ~ 2017 年的调查均可发现霉菌毒素联合污染现象是十分普遍的（图 3-1）。研究人员于 2008 ~ 2017 年对全球 100 个国家 74 821 份饲料及饲料原料样品进行检测发现，成品饲料和小麦样本中 ZEA 和 DON 的共检出率最高，分别为 48% 和 28%，玉米次之。

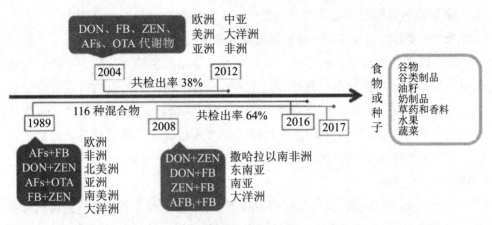

图 3-1　1989～2017 年全球霉菌毒素联合污染情况调查（Guo 等，2020）

雷元培等（2022）随机抽取了 2019 年和 2020 年国内各省区域的玉米、玉米副产物、小麦及麸皮、杂粮和全价饲料等样品，并采用免疫亲和柱 - 高效液相色谱法测定了样品中 AFB$_1$、ZEA 和 DON 的含量，以了解 2019～2020 年中国原料和配合饲料中霉菌毒素污染情况。结果表明，玉米、玉米副产物、小麦及麸皮、杂粮和全价配合饲料中 2019 年 AFB$_1$ 检出率分别为 97.93%、94.91%、94.88%、92.12%、98.77%，超标率分别为 14.88%、19.44%、3.98%、0、7.69%；2020 年 AFB$_1$ 检出率分别为 97.04%、90.83%、87.05%、94.88%、100.00%，超标率分别为 9.63%、0.92%、1.55%、3.72%、7.27%；2019 年 ZEA 的检出率分别为 90.08%、100.00%、91.62%、84.84%、100.00%，超标率分别为 6.94%、17.36%、7.48%、0、6.77%；2020 年 ZEA 的检出率分别为 95.31%、100.00%、87.05%、82.79%、100.00%，超标率分别为 7.90%、9.63%、17.10%、0、5.45%；2019 年 DON 的检出率分别为 98.35%、100.00%、100.00%、92.72%、98.15%，超标率分别为 0、4.63%、11.02%、0、3.38%；2020 年 DON 的检出率分别为 99.51%、100.00%、100.00%、87.44%、100.00%，超标率分别为 8.64%、6.88%、5.18%、0、9.09%。其中玉米中 AFB$_1$ 污染最严重，玉米副产物中 ZEA 污染最为严重，且 2020 年东北地区玉米和全价配合饲料中 DON 污染较为严重。

为了解 2021 年国内配合饲料及玉米、小麦、杂粮等饲料原料霉菌毒素污染状况，张勇（2022）等采用免疫亲和柱 - 高效液相色谱荧光检测法分析了来自国内 16 个省市的 1 025 份样品中 AFB$_1$、DON 和 ZEA 的含量。结果表明，各类饲料和饲料原料不同程度地受 3 种毒素的污染，其中玉米、玉米副产物中 AFB$_1$ 含量最高，小麦及小麦麸中 DON 含量最高，玉米副产物中 ZEA 含量最高。总体来看，

2021年饲料和饲料原料霉菌毒素污染情况不容乐观，饲料生产过程中应重点关注玉米、小麦等谷物及其副产物的霉菌毒素污染问题。

真菌毒素是由曲霉、镰刀菌、青霉菌等真菌属产生的次级代谢产物。这些代谢产物是食品和饲料中最常见并且在全球性发生的天然污染物。据联合国粮食及农业组织统计，全球每年损失约10亿t因真菌毒素污染的食物，造成严重的经济损失。DON污染而造成的经济损失难以评估，通过计算机模拟计算出，美国每年因DON污染造成的谷物、饲料、牲畜损失成本分别为6.37亿美元、1 800万美元、200万美元。

由以上国内外对饲料及饲料原料中霉菌毒素的调查结果可以看出，霉菌毒素在饲料及饲料原料中是普遍存在的，而且多种霉菌毒素联合污染情况严重。但是，在动物实际生产过程中，只有少数单一霉菌毒素由于毒性强和发生频率高才引起重视，如AF、ZEA、DON和FUM，而实际对动物生产和健康产生影响的是多种霉菌毒素联合作用的结果，对联合毒性作用的相关研究却很少。

第 4 章　国内外对各种霉菌毒素的限量标准

由于霉菌毒素对人类及动物健康和生产性能具有负面影响，许多国家制定了饲料中霉菌毒素的安全标准。基于霉菌毒素对健康的风险，世界卫生组织、美国食品药品监督管理局和联合国粮食及农业组织等不同国际组织制定了饲料和食品中霉菌毒素的允许限量标准，中国也于 2018 年修订了饲料中霉菌毒素安全限量标准，各国（或组织）霉菌毒素限量标准见表 4-1。

表 4-1　霉菌毒素限量标准

国家（或组织）	霉菌毒素类型	限量标准 / （μg·kg^{-1}）
美国	黄曲霉毒素（AFB_1+AFB_2+AFG_1+AFG_2）	300
	伏马毒素（FB_1+FB_2+FB_3）	100 000
	脱氧雪腐镰刀菌烯醇	30 000
欧盟委员会	黄曲霉毒素 B_1	20
	脱氧雪腐镰刀菌烯醇	12 000
	玉米赤霉烯酮	3 000
	赭曲霉毒素 A	250
	伏马毒素（FB_1+FB_2）	20 000
中国	黄曲霉毒素 B_1	50
	赭曲霉毒素 A	100
	玉米赤霉烯酮	500
	伏马毒素（FB_1+FB_2）	60 000
	T-2 毒素	500

4.1 AFB$_1$ 和 ZEA 在饲料中的限量标准

2018 年 5 月 1 日，我国农业农村部新修订的《饲料卫生标准》正式实施，大幅度降低了霉菌毒素的限量标准，其中对饲料及饲料原料中的黄曲霉毒素含量限量做出更加细致的分类，但限量质量浓度与之前标准没有太大变化；而 ZEA 在仔猪配合饲料中限量值由 500 μg/kg 降至 150 μg/kg，在青年母猪配合饲料中的限量值由 500 μg/kg 降至 100 μg/kg，下降幅度达到 80%。由此可见，霉菌毒素污染对人类和动物的危害是巨大的，霉菌毒素问题必须引起广泛关注。我国对饲料中 AFB$_1$ 和 ZEA 的限量标准见表 4-2。

表 4-2 AFB$_1$ 和 ZEA 国家饲料安全标准

霉菌毒素	饲料原料及配合料	最大限量 / (μg·kg^{-1})
AFB$_1$	玉米副产物和花生饼	50
	植物油（除玉米油和花生油外）	10
	玉米油和花生油	20
	其他植物饲料原料	30
	仔猪和家禽的全价配合饲料	10
	肉鸡、肉鸭和蛋鸡全价配合饲料	15
	其他全价配合饲料	20
ZEA	玉米和玉米副产物（除玉米糠和玉米浸粉外）	500
	玉米糠和玉米浸粉	1 500
	其他植物饲料原料	1 000
	仔猪全价配合饲料	150
	青年母猪全价配合饲料	100
	猪全价配合饲料	250
	其他全价配合饲料	500

4.2　伏马菌素在饲料中的限量标准

对于 FB_1 和 FB_2，欧盟规定未加工玉米的最大限量为 4 000 μg/kg。美国食品药品监督管理局对于食用及饲用玉米中的 FB_1、FB_2 和 FB_3 总和的限量范围为 2 000 ~ 4 000 μg/kg。鉴于动物物种和年龄的差异，美国食品药品监督管理局对于饲料中 FB_1、FB_2 和 FB_3 总和的限量范围为 5 000 ~ 10 000 μg/kg。

4.3　TCT 在饲料中的限量标准

欧盟对谷物及谷物产品、玉米副产品、精料补充料及全价料和猪料中单端孢霉烯（trichothecenes，TCT）的最大限量分别为 8 000 μg/kg、12 000 μg/kg、5 000 μg/kg 和 900 μg/kg。鉴于动物物种和年龄的差异，美国食品药品监督管理局对饲用谷物和谷物副产品 TCT 的最大限量范围为 5 000 ~ 10 000 μg/kg。然而人类接触到的其他低污染水平的 TCT，如瓜萎镰菌醇（NIV）和蛇形菌素（DAS），此类毒素的法规及限量标准暂未出台。

4.4　DON 在饲料中的限量标准

由于所处的气候环境不同，不同国家对粮食作物中 DON 含量的限定标准也有较大差别，美国与我国的标准相同，规定粮食谷物中 DON 最大值不得超过 1 000 μg/kg，而欧洲地区对于粮食作物中 DON 限量与我国有明显差异，这可能与欧洲地区气候有关，其规定谷物中 DON 含量最大值为 8 000 μg/kg，玉米中 DON 含量最大值为 12 000 μg/kg。目前，我国和其他国家以及国际组织已经制定了干预食品中 DON 的最大限量标准。如表 4-3 所示，分别为中国于 2017 年制定的关于食品中 DON 的限量标准、欧盟于 2006 年制定的关于食品中 DON 最大残留量的标准、美国食品药品监督管理局于 2010 年制定的关于人类消费成品小麦和动物饲料中谷物和谷物副产品中 DON 的限量标准，以及联合国粮食及农业组织于 2018 年修订的关于食品和饲料中污染物和毒素的限量标准。

表 4-3　中国、欧盟、美国和联合国粮食及农业组织食品中 DON 限量标准

国家（或组织）	食品类型	限量标准 /（μg·kg^{-1}）
中国	玉米、玉米面（渣、片）	1 000
	大麦、小麦、麦片、小麦粉	1 000
欧盟	玉米、玉米面（渣、片）	1 000
	大麦、小麦、麦片、小麦粉	1 000
	成品小麦产品（面粉、麸皮和胚芽）	1 000
	谷物和谷物副产品（以 88% 的干物质计）	10 000
美国	蒸酒谷物、酿酒谷物、麸皮饲料和谷物的麸皮膳食（以 88% 的干物质计）	300 000
	奶	0.5
联合国粮食及农业组织	谷物类婴幼儿食品（干物质）	200
	小麦、玉米或大麦制成的面粉、粗粉、粗粒面粉和面片	1 000
	用于深加工的谷物（大麦、小麦、玉米）	2 000

　　DON 被国际癌症研究机构划分为 3 类致癌物。欧盟规定 DON 在未加工的谷物和食品中的最大添加量分别为 1.25 mg/kg 和 0.75 mg/kg。2010 年，JECFA 建议总 DON（包括其 3－乙酰、5－乙酰衍生物）每千克体重最大日采食量为 1 μg/kg，急性参考剂量为 8 μg/kg，由于缺乏 DON-3G 的毒性数据，所以限量标准中没有相关要求。DON 污染广泛存在，许多国家和地区都制定了 DON 的限量标准，并按照谷物形态种类和加工用途分别分类进行了规定，美国、加拿大、日本和欧盟对 DON 的限量范围分别为 1 000 μg/kg、600～2 000 μg/kg、1 100 μg/kg、200～1 750 μg/kg 等。2015 年国际食品法典委员会首次颁布了 DON 限量标准，规定未加工的谷物中 DON 限量为 2 000 μg/kg，谷物制品中限量为 1 000 μg/kg，谷物基婴幼儿食品中限量为 200 μg/kg。

　　我国的《食品安全国家标准　食品中真菌毒素限量》（GB 2761—2017）中规定了谷物及其制品中 DON 的限量为 1 000 μg/kg。

4.5 OTA 在猪肉及肉制品中的限量规定

不同国家对饲料或食品中存在的 OTA 的法律规定存在着显著的差异。美国对食品或饲料中的 OTA 没有进行限制。美国食品药品监督管理局根据联邦食品、药品和化妆品法案规定,要求在食品行业实施食品安全计划,并应用良好的农业和生产规范。此外,美国、澳大利亚、加拿大和亚洲也尚未对肉类和肉制品中的 OTA 设定约束性限制。目前,亚洲各国的立法也存在差异。中国、印度尼西亚、韩国、马来西亚以及新加坡已经对食品和饲料中的 OTA 进行了立法限制,但没有对肉类和肉制品进行立法限制。在日本,OTA 受到与美国规定一致的食品中最高限量的限制。

欧盟根据 EFSA 食品链中污染物科学小组的科学指导性意见,在委员会法规中确定了各种食品中 OTA 的最大限量,该法规尽管已修改多次,但至今仍有效。此外,对于肉制品生产加工中用到的一些香料,欧盟也已经确定了 OTA 的最大限量。例如,白胡椒粉和黑胡椒中的 OTA 限量为 15 ng/g;干辣椒、辣椒粉和红辣椒粉中的 OTA 限量为 20 ng/g;含有上述一种或多种香料的混合物中的 OTA 限量为 15 ng /g。

在猪肉和肉制品以及其他动物源性食品中,许多国家和地区尚未设定 OTA 限制。许多欧盟成员国为了保护消费者避免食用受 OTA 污染的猪肉、可食用的内脏及其衍生产品,猪肉和肉制品以及其他动物源性食品中 OTA 的限量已经受到法律或法规的限制,以防止 OTA 的污染,例如在丹麦猪肾中 OTA 的最高限量为 10 μg/kg,猪血中的最高限量为 25 μg/mL,在爱沙尼亚猪肝中的 OTA 最高限量为 10 μg/kg,在罗马尼亚在猪肾、猪肝和猪肉中 OTA 的最高限量为 5 μg/kg,斯洛伐克规定在猪肉中 OTA 含量不能高于 5 μg/kg,意大利规定在猪肉及其衍生产品中 OTA 含量不能超过 1 μg/kg。欧盟国家对猪肉、可食用的内脏和肉制品的 OTA 限制存在差异,因此有必要采取统一的方法,在法律上或国际标准中规定 OTA 的限量。

第5章 以 AFB$_1$ 和 ZEA 为例研究 其对 IPEC-J2 细胞的联合毒性作用

由于自然霉变的粮食和饲料中往往同时存在多种霉菌毒素，并且 AFB$_1$ 和 ZEA 对动物健康的危害在动物水平上难以准确评价。而动物采食被 AFB$_1$ 和 ZEA 污染的饲料后，小肠首先暴露于高质量浓度的霉菌毒素环境下，肠道作为毒素吸收的主要部位，毒素质量浓度远高于其他部位，但是关于霉菌毒素对动物肠道的影响研究却很少。霉菌毒素经小肠吸收后，通过血液运输进入肝脏进行代谢。为探讨 AFB$_1$ 和 ZEA 对小肠和肝脏损伤的作用机制，本章以 IPEC-J2 细胞和 AML12 细胞为模型，研究 AFB$_1$ 和 ZEA 单独和联合作用对 IPEC-J2 和 AML12 细胞增殖和损伤的影响。

5.1 试验材料与方法

5.1.1 试验材料

细胞系：IPEC-J2 新生仔猪空肠上皮细胞。

AML12 细胞：小鼠肝实质细胞（中国科学院干细胞库编号：SCSP-550），购于中国科学院干细胞库（上海细胞所）。

5.1.2 化学试剂

毒素纯品：AFB$_1$（CAS：1162-65-8，Israel）和 ZEA（CAS：17924-92-4，Israel），均购于 Sigma 公司，纯度＞99%。DMEM/F-12（1:1）培养液（Hyclone，美国）、0.25% 胰蛋白酶-EDTA、3-（4，5-二甲基噻唑-2）-2，5-二苯基四氮唑溴盐（MTT）、二甲基亚砜（DMSO），均购于北京索莱宝科技有限公司。

5.1.3 试验仪器和耗材

CO$_2$ 细胞培养箱（型号：WJ-1608-Ⅲ，上海新苗医疗器械制造有限公司），倒置显微镜（型号：DXS-2，上海缔伦光学仪器有限公司），数显恒温水浴锅

（型号：DFD - 700，常州普天公司），SHZ-C 水浴恒温振荡器（型号：YLD - 2000，上海博讯医疗设备厂），Millipore Express（PES）0.22 μmol/L 滤器（型号：SLGP033RB，德国默克），其他培养瓶、培养皿、培养板均购于美国 corning。

5.1.4　试验试剂

细胞培养基：DMEM/F - 12（1：1）培养液，10% 胎牛血清。

细胞冻存液：70% DMEM/F - 12（1：1）培养液，20% 胎牛血清，10% DMSO，4 ℃避光可长期保存。

AFB₁ 和 ZEA 分别用 DMSO 和无水乙醇作为溶剂，配成质量浓度分别为 1 mg/mL 和 2 mg/mL 的储存液，保存于 -20 ℃，备用。霉菌毒素不同质量浓度培养液均现用现配，母液在稀释前用 0.22 μmol/L 一次性滤器过滤除菌，然后用细胞培养液将 AFB₁ 和 ZEA 母液按照试验设计梯度稀释成不同的质量浓度，溶剂 DMSO 和无水乙醇在最终毒素培养基中的体积分数 ≤ 0.1%，4 ℃保存，用于细胞毒性的研究。

5.1.5　细胞传代培养

IPEC - J2 细胞用含有 10% PBS 的 DMEM/F12 培养基制成细胞悬液接种于 25 cm² 培养瓶，置于 CO_2 培养箱（37 ℃、5% CO_2、相对湿度 75%）中进行培养，待细胞长满培养瓶底部 80% 时，用 0.25% 胰蛋白酶消化传代，一周大约需要传代两次，步骤如下：

（1）弃去原来的培养基，用 PBS 将细胞洗 2～3 次；

（2）加入 0.8 mL 0.25% 胰蛋白酶（25 cm² 培养瓶），放置到 37 ℃ CO_2 细胞培养箱消化，其间不断观察细胞形态，在显微镜下观察，当发现细胞刚好变成圆形时，立即终止消化；

（3）用 1 mL 移液枪将培养瓶底部贴壁细胞全部悬浮，然后将细胞转移至 15 mL 离心管，800 r/min 离心 3 min 去除胰酶，加入新鲜培养基，按 1：3 的比例传代，每瓶加入 5 mL 新鲜培养基，置于 37 ℃、5% CO_2 细胞培养箱中培养，隔天换液，每天观察细胞状态。

5.1.6　细胞复苏

将在液氮罐中冻存的细胞取出，迅速放入 37 ℃水浴锅中，不断摇动，等细胞刚刚融化，立即取出加入预热过的新鲜培养基 1 mL，800 r/min 离心 5 min，去除上清液，再次加入 1 mL 预热的新鲜培养基重悬细胞，然后将细胞转移至 25 cm² 培养瓶中，加入新鲜培养基补足至 5 mL，37 ℃及 5% CO_2 的条件下培养，刚复苏的细胞 24 h 需要换液一次，以免 DMSO 残留对细胞造成损害，以及去除复苏过程中的死细胞，之后和正常细胞传代方法相同。

5.1.7　细胞冻存

提前 24 h 换新鲜培养基（细胞生长状态好），待细胞长至对数生长期（80% 铺满 25 cm² 培养瓶底部），弃去培养瓶中的培养液，用 1 mL PBS 洗 2~3 次，加入 0.25% 胰酶 0.8 mL，用 1 mL 移液枪将 25 cm² 培养瓶底部的贴壁细胞轻轻地吹下来，形成细胞悬液，将悬液转移到 15 mL 离心管，800 r/min 离心 5 min，弃去上清液，加入冻存液，用血细胞计数板计数，用细胞冻存液将细胞浓度调整为 $3 \times 10^6 \sim 5 \times 10^6$ 个 /mL，每个冻存管中加入 1 mL，标记好日期、细胞种类、保存人、细胞密度，放入室温放置的细胞冻存盒，置于 -80 ℃ 冷冻保存，之后转入液氮保存。

5.1.8　高质量浓度 AFB_1 和 ZEA 对 IPEC-J2 细胞和 AML12 细胞相对活力的影响

5.1.8.1　高质量浓度 AFB_1 和 ZEA 对 IPEC-J2 细胞相对活力的影响

AFB_1 质量浓度分别设置为 250 mg/L、125 mg/L、62.5 mg/L、31.25 mg/L、15.625 mg/L 和 0 mg/L，ZEA 质量浓度分别设置为 40 mg/L、20 mg/L、10 mg/L、5 mg/L、2.5 mg/L 和 0 mg/L。分别加入 IPEC‐J2 细胞 12 h、24 h 和 48 h 后，采用 MTT 法测定细胞吸光度（OD 值），根据 OD 值计算细胞存活率，公式如下：

细胞相对活率（%）=（试验组 OD_{490} - 试验组 OD_{630}）/（对照组 OD_{490} - 对照组 OD_{630}）×100%

每个处理做 6 个重复，并且设置 6 个空白对照组。

5.1.8.2　高质量浓度 AFB_1 和 ZEA 对 AML12 细胞相对活力的影响

AFB_1 质量浓度设置为 10 mg/L、5 mg/L、2.5 mg/L、1.25 mg/L、0.625 mg/L、0.312 5 mg/L、0.156 25 mg/L、0.078 mg/L、0.039 mg/L 和 0 mg/L；ZEA 质量浓度设置为 80 mg/L、40 mg/L、20 mg/L、10 mg/L、5 mg/L、2.5 mg/L、1.25 mg/L、0.625 mg/L、0.312 5 mg/L 和 0 mg/L。作用时间为 24 h，其他操作流程同上。

5.1.9　低质量浓度 AFB_1 和 ZEA 对 IPEC-J2 细胞相对活力的影响

采用 6×6 因子试验设计，研究 AFB_1 和 ZEA 对 IPEC‐J2 细胞和 AML12 细胞增殖和损伤作用，AFB_1 设为 6 个质量浓度：0 μg/L、10 μg/L、20 μg/L、40 μg/L、80 μg/L、160 μg/L；ZEA 设为 6 个质量浓度：0 μg/L、75 μg/L、150 μg/L、300 μg/L、600 μg/L、1 200 μg/L。两种毒素 AFB_1 和 ZEA 水平组合见表 5-1。

表 5-1　因子试验设计

因子	质量浓度 /（$\mu g \cdot L^{-1}$）																	
ZEA	0						75						150					
AFB₁	0	10	20	40	80	160	0	10	20	40	80	160	0	10	20	40	80	160
因子	质量浓度 /（$\mu g \cdot L^{-1}$）																	
ZEA	300						600						1 200					
AFB₁	0	10	20	40	80	160	0	10	20	40	80	160	0	10	20	40	80	160

5.1.10　细胞毒性的测定（MTT 法）

取对数生长期（80% 长满 25 cm² 培养瓶瓶底，大约 48 h）的细胞，经 0.25% 胰酶消化后，用细胞培养液重悬细胞制成细胞悬液，调整细胞质量浓度后，接种到 96 孔板中，保证每个孔细胞数量为 8 000 个细胞，然后将细胞培养板置于 CO_2 培养箱中培养 24 h，吸弃培养基，PBS 洗两遍，加入含有不同质量浓度的霉菌毒素的培养基 100 μL，置于 CO_2 细胞培养箱中培养 24 h。在培养孔中分别加入 10 μL MTT 溶液（终质量浓度为 0.5 mg/mL），置于培养箱中孵育 4 h 后，小心吸弃培养基，然后加入 150 μL DMSO 后，在振荡器上低速振荡 10 min，使甲瓒充分溶解，在 490 nm 和 630 nm 波长下用酶标仪测各孔吸光度值（测定波长为 490 nm，参比波长为 630 nm）。

5.1.11　细胞培养液上清乳酸脱氢酶（LDH）的测定

将对数生长期的 IPEC-J2 细胞经 0.25% 的胰酶消化和血细胞计数板计数后，接种于 96 孔板中（每孔 8 000 ~ 10 000 个细胞），每孔加入 100 μL 不同质量浓度含有霉菌毒素的细胞培养液，处理 6 h 和 24 h 后，除试验各组之外，另设背景空白对照孔（无细胞只有培养液）和样品最大酶活性对照孔（正常细胞）并做好标记。在细胞处理前 1 h，从培养箱里取出 96 孔板。在细胞处理后，将细胞培养板从培养箱里取出用多孔板离心机 3 000 r/min，离心 5 min。分别取各孔的上清液 120 μL，根据乳酸脱氢酶测试盒操作步骤，检测细胞释放入上清液中的 LDH 含量，每个处理 6 个重复。

LDH 的相对释放率（%）=（试验组 LDH 释放率 / 空白组 LDH 释放率）×100%

5.1.12　数据分析

细胞相对活力数据采用 SPSS 20.0 软件进行 one－way ANOVA 单因素方差统

计分析，利用 Duncan 进行多重比较，结果用平均值 ± 标准差表示，以 $P < 0.05$ 表示差异显著。AFB$_1$ 和 ZEA 对细胞相对活力影响采用 SPSS 20.0 软件一般线性分析 GLM 进行两两比较，时间剂量效应曲线用 origin 8.5 软件进行拟合。

5.2　结果与分析

5.2.1　不同时间和质量浓度 AFB$_1$ 和 ZEA 对 IPEC-J2 细胞相对活力的影响

5.2.1.1　高质量浓度 AFB$_1$ 和 ZEA 对 IPEC-J2 细胞相对活力的影响

采用 MTT 法测定细胞相对活力，由图 5-1 和图 5-2 可知，经 origin 8.5 软件拟合，AFB$_1$ 和 ZEA 对 IPEC－J2 细胞的细胞毒性均呈现时间和质量浓度依赖关系。较高 AFB$_1$ 和 ZEA 质量浓度分别作用于 IPEC－J2 细胞，其相对活力随着时间和质量浓度的增加而显著降低（$P < 0.05$）。根据 AFB$_1$ 和 ZEA 处理 IPEC－J2 细胞 24 h 的细胞相对活力的拟合方程，可以推算出 AFB$_1$ 和 ZEA 分别和 IPEC－J2 细胞孵育 24 h 后，AFB$_1$ 和 ZEA 的 50% 细胞抑制质量浓度分别为 68.03 mg/L 和 30.10 mg/L。

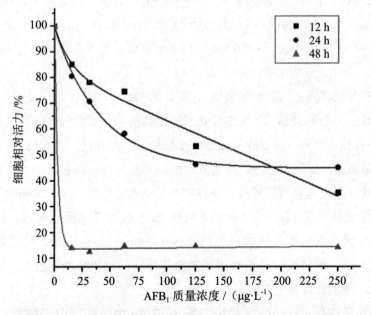

图 5-1　AFB$_1$ 对 IPEC－J2 细胞相对活力影响的时间剂量效应曲线

5.2.1.2　低质量浓度 AFB$_1$ 和 ZEA 对 IPEC-J2 细胞相对活力的影响

由表 5-2 可知，随着 AFB$_1$ 质量浓度的增加细胞相对活力显著降低（$P < 0.05$），

AFB$_1$ 质量浓度为 40 μg/L 除外。但是随着 ZEA 质量浓度的增加，细胞相对活力呈现出先增加后降低的趋势，当 ZEA 质量浓度低于 150 μg/L 时，细胞相对活力有增加的趋势，但当 ZEA 质量浓度高于 150 μg/L 时，细胞活力则显著降低（$P < 0.05$）。表 5-3 的结果表明，AFB$_1$ 与 ZEA 相互作用主体检验结果为 P（AFB$_1$）< 0.05、P（ZEA）< 0.05、P（AFB$_1$+ZEA）< 0.05，表明单一毒素 AFB$_1$ 和 ZEA，以及 AFB$_1$ 和 ZEA 联合作用均能显著影响细胞相对活力（$P < 0.05$），说明 AFB$_1$ 和 ZEA 之间交互作用显著。从表 5-4 和图 5-3 可以看出，当加入 AFB$_1$ 和 ZEA 处理 12 h 以上时，AFB$_1$ 和 ZEA 显著降低细胞相对活力（$P < 0.05$），说明 AFB$_1$ 和 ZEA 对细胞毒性具有协同作用。

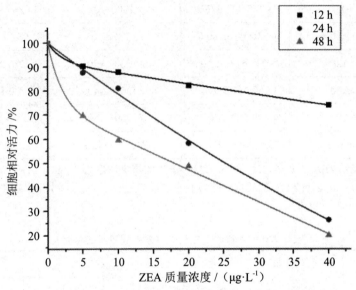

图 5-2　ZEA 对 IPEC - J2 细胞相对活力影响的时间剂量效应曲线

表 5-2　AFB₁ 和 ZEA 对 IPEC-J2 细胞活力的影响

毒素质量浓度 /（μg·L⁻¹）	细胞相对活力 /%	毒素质量浓度 /（μg·L⁻¹）	细胞相对活力 /%
Z0+A0	97.703 6±1.843 0[bc]	Z300+A0	93.363 1±0.930 4[cdefg]
Z0+A10	95.348 8±2.589 5[bcde]	Z300+A10	90.287 4±0.167 8[fghi]
Z0+A20	90.499 5±0.464 1[fghi]	Z300+A20	89.456 8±0.397 2[ghij]
Z0+A40	94.299 7±2.748 2[bcdef]	Z300+A40	87.154 0±4.877 2[ijkl]
Z0+A80	81.127 2±3.285 7[mno]	Z300+A80	82.154 0±2.064 2[mno]
Z0+A160	79.297 1±1.466 4[op]	Z300+A160	80.247 2±0.599 1[no]

续表

毒素质量浓度 / （μg·L^{-1}）	细胞相对活力 /%	毒素质量浓度 / （μg·L^{-1}）	细胞相对活力 /%
Z75+A0	93.928 6±1.994 5[bcdefg]	Z600+A0	90.520 2±4.947 6[fghi]
Z75+A10	95.662 2±2.965 4[bcd]	Z600+A10	85.272 6±3.791 1[jklm]
Z75+A20	102.507 4±6.109 1[a]	Z600+A20	84.904 1±1.178 9[klmn]
Z75+A40	88.375 5±1.380 0[hijk]	Z600+A40	81.576 0±0.026 7[mno]
Z75+A80	84.390 0±0.022 4[klmn]	Z600+A80	80.441 5±2.965 1[no]
Z75+A160	92.640 3±0.703 2[defgh]	Z600+A160	75.405 0±2.020 7[pq]
Z150+A0	98.347 4±1.373 2[b]	Z1200+A0	83.088 1±4.0364 1[mno]
Z150+A10	97.604 4±0.280 0[bc]	Z1200+A10	81.987 9±0.141 3[mno]
Z150+A20	95.932 6±1.323 2[bcd]	Z1200+A20	75.376 5±1.519 6[pq]
Z150+A40	91.050 1±2.856 4[efghi]	Z1200+A40	75.730 1±2.610 0[pq]
Z150+A80	84.428 5±0.518 7[klmn]	Z1200+A80	70.968 1±0.780 5[r]
Z150+A160	72.459 9±2.922 2[qr]	Z1200+A160	70.274 5±1.317 0[r]

注：Z0+A0 表示 ZEA 的质量浓度为 0 μg/L 和 AFB$_1$ 的质量浓度为 0 μg/L；Z0+A10 表示 ZEA 的质量浓度为 0 μg/L 和 AFB$_1$ 的质量浓度为 10 μg/L，其他同。不同小写字母表示处理间差异显著（$P < 0.05$），以下同。

表 5-3　AFB$_1$ 和 ZEA 相互作用主体间效应的检验

源	Ⅲ 型平方和	自由度	均方	F 值	Sig.
校正模型	7 458.910	35	213.112	35.793	0.000
截距	807 984.410	1	807 984.410	135 704.374	0.000
AFB$_1$	1 971.421	5	394.284	66.222	0.000
ZEA	3 264.291	5	652.858	109.650	0.000
AFB$_1$+ZEA	2 223.199	25	88.928	14.936	0.000
误差	428.688	72	5.954		
总计	815 872.009	108			
校正的总计	7 887.599	107			

$R^2 = 0.946$（调整 $R^2 = 0.919$）

表 5-4　霉菌毒素对 IPEC-J2 细胞相对细胞活力的时间剂量效应（%）

分组	6 h	12 h	18 h	24 h	48 h
Z500	83.48±4.26^{Ca}	101.79±6.60^{Aa}	94.18±6.39^{Ba}	90.15±6.21^{Bbc}	103.72±3.35^{Abc}
A40	82.83±3.48^{Ca}	95.04±3.04^{Bb}	94.94±3.98^{Ba}	97.72±2.35^{Ba}	103.48±3.33^{Aa}
Z500+A40	81.02±4.02^{Ca}	85.7±5.77B^{Cc}	87.24±6.62^{BCbc}	88.63±4.27^{ABc}	94.56±4.21^{Ac}
Z1000	79.40±3.67^{Bab}	92.02±5.61^{Abc}	93.50±3.69^{Aa}	91.45±6.47^{Abc}	94.91±5.90^{Abc}
A80	81.58±3.37^{Ca}	92.30±3.21^{ABbc}	91.73±3.63^{Bab}	95.84±4.66^{ABab}	97.27±5.90^{Aab}
Z1000+A80	75.45±5.81^{Cb}	85.35±7.28^{ABc}	83.99±4.44^{Bc}	81.64±2.72^{Bd}	90.96±3.78^{Ad}

注：Z500 表示 ZEA 质量浓度为 500 μg/L，A40 表示 AFB$_1$ 质量浓度为 40 μg/L，Z500+A40 表示 ZEA 质量浓度为 500 μg/L 和 AFB$_1$ 为 40 μg/L；Z1000 表示 ZEA 质量浓度为 1 000 μg/L，A80 表示 AFB$_1$ 质量浓度为 80 μg/L，Z1000+A80 表示 ZEA 质量浓度为 1 000 μg/L 和 AFB$_1$ 质量浓度为 80 μg/L。数据同列相同小写字母表示差异不显著（$P > 0.05$），同列不同小写字母表示差异显著（$P < 0.05$）。同行相同大写字母表示差异不显著（$P > 0.05$），同行不同大写字母表示差异显著（$P < 0.05$），以下同。

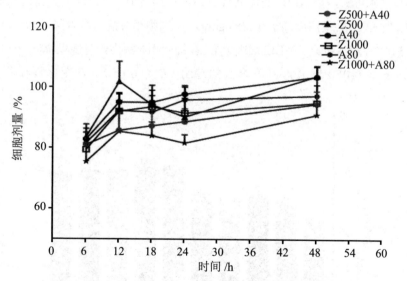

图 5-3　ZEA 和 AFB$_1$ 作用于 IPEC－J2 细胞的时间和剂量效应

5.2.2　AFB$_1$ 和 ZEA 对 IPEC-J2 细胞 LDH 释放的影响

由表 5-5 可知，不同质量浓度 AFB$_1$ 和 ZEA 分别处理细胞 6 h 和 24 h 后，测得细胞培养液中 LDH 释放量。从结果可以看出，当各质量浓度毒素加入细胞中 6 h 时，LDH 各组之间差异不显著（$P > 0.05$）；但是当霉菌毒素处理 24 h 后，

Z1000+A80 的 LDH 相对释放率显著高于 A80（$P < 0.05$），Z500+A40 与 Z500 和 A40 相比有升高的趋势，但差异不显著（$P > 0.05$）。

表 5-5　不同质量浓度 AFB$_1$ 和 ZEA 对 IPEC-J2 细胞 LDH 相对释放率的影响（%）

分组	6 h	24 h
对照组	99.67±0.48	99.78±0.22[cd]
Z500	99.15±1.94	98.61±3.31[d]
A40	99.64±1.71	105.30±1.77[ab]
Z500+A40	99.26±1.23	102.52±1.63[bcd]
Z1000	98.95±2.11	104.96±2.80[ab]
A80	101.42±2.10	103.06±2.00[bc]
Z1000+A80	99.57±0.77	108.43±1.95[a]

5.2.3　AFB$_1$ 和 ZEA 对 AML12 细胞相对活力的影响

由图 5-4 可知，当 AFB$_1$ 处理 AML12 细胞 24 h 时，AFB$_1$ 对细胞呈现剂量依赖效应。当 AFB$_1$ 质量浓度高于 0.625 μg/mL 时，细胞相对活力显著降低（$P < 0.05$）。由图 5-5 可知，ZEA 处理 AML12 细胞 24 h 后，细胞相对活力则呈现先降低（$P < 0.05$）后增加（$P > 0.05$）然后再显著降低的趋势（$P < 0.05$），其变化规律不明显。

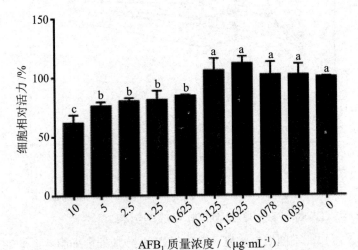

图 5-4　不同质量浓度 AFB$_1$ 对 AML12 细胞相对活力的影响

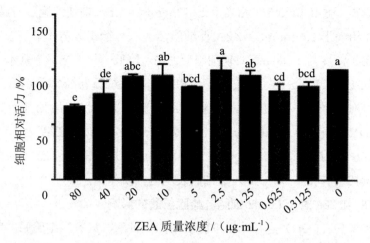

图 5-5   不同质量浓度 ZEA 对 AML12 细胞相对活力的影响

5.3   讨论

5.3.1   不同质量浓度 AFB₁ 和 ZEA 在作用不同时间后对 IPEC-J2 细胞相对活力的影响

在过去的几十年里，细胞培养作为一种初步研究霉菌毒素毒性和阐明其作用机制的方法具有更灵敏、可重复、易操作的优点。一般来说，细胞毒性测定能够检测出许多霉菌毒素对人或动物细胞活性的抑制作用。但是相对于动物生产而言，关于接近实际霉菌毒素作用于 IPEC－J2 细胞的研究却不多。本研究根据畜牧业生产过程中仔猪肠道可能接触到的 AFB₁ 和 ZEA 质量浓度水平，以 IPEC－J2 细胞作为模型来研究自然条件下霉菌毒素对仔猪肠道的作用机制。

动物摄食被霉菌毒素污染的饲料之后，饲料在胃内消化后进入小肠吸收，并可在小肠细胞中代谢，在这些细胞中 ZEA 被降解转化为 α－ZEL、β－ZEL、ZAN、α－ZAL、β－ZAL 五种代谢产物。因此我们采用 IPEC－J2 细胞作为模型，IPEC－J2 细胞分离自未吮乳的新生仔猪空肠上皮细胞，属于非转化性最初的连续培养小肠细胞系，具有典型的仔猪小肠上皮细胞特性。本研究将 AFB₁ 和 ZEA 分别设置为不同的高质量浓度作用于 IPEC－J2 细胞，随着时间延长，细胞相对活力显著下降，其中 AFB₁ 对细胞作用 48 h 后，细胞相对活力降到最低，细胞损伤最大。由此可见，随着时间的延长，AFB₁（质量浓度范围为 12.5～250.0 µg/mL）对 IPEC－J2 细胞相对活力抑制作用比 ZEA（质量浓度范围为 2.5～40.0 µg/mL）更加明显。Wan 等（2013）研究表明，10 µmol/L（相当于 3.2 µg/mL）ZEA 使细胞活力显著增加，而 40 μmol/L（相当于 12.73 μg/mL）ZEA 则使细胞活力显著降低，5 μmol/L（相当于 1.6 μg/mL）ZEA 使细胞活力与对照组差异不显著。本研究表明，ZEA 质量浓度为 10 μg/mL 时使细胞活力显著降低，与上述报道基本一致。同样，0.1 mg/L、0.5 mg/L、1 mg/L 的 AFB_1 处理人结肠癌细胞系 Caco－2 细胞 48 h，显著抑制 Caco－2 细胞生长，影响细胞膜的完整性，增加乳酸脱氢酶活性和引起 DNA 损伤。Ji 等研究表明，当 AFB_1 和 ZEA 质量浓度为 10 μmol/L，作用于 Caco－2 细胞 24 h 时，表现为协同作用；当 AFB_1 和 ZEA 质量浓度在 20～50 μmol/L 之间时，对 Caco－2 细胞表现为拮抗作用。

5.3.2　AFB_1 和 ZEA 对 IPEC-J2 细胞乳酸脱氢酶的影响

乳酸脱氢酶（LDH）是存在于细胞质内的一种酶，只有当细胞膜的完整性受到损害时，LDH 才会从细胞内释放到细胞外。本研究中 IPEC－J2 细胞受到 AFB_1 和 ZEA 两种毒素的刺激，破坏了细胞的完整度，两种毒素单一和同时加入细胞处理 6 h 和 24 h 结果却不相同。两种毒素无论是单独和同时处理细胞 6 h，LDH 的相对释放量之间均差异不显著。相反，细胞处理 24 h 后发现，单独的 AFB_1（40 μg/L）或 ZEA（500 μg/L）对细胞的损伤差异不显著，但是两种毒素复合对细胞损伤显著。AFB_1 和 ZEA 分别为 80 μg/L 和 1 000 μg/L 时，两种毒素复合对细胞 LDH 的释放量显著高于单独 AFB_1（80 μg/L）导致的 LDH 相对释放量，但与单独 ZEA 的差异不显著。从试验结果可知，随着 AFB_1 和 ZEA 质量浓度的增加和作用于 IPEC-J2 时间的延长，对细胞损伤也越大，而且两种霉菌毒素的叠加毒性也越大。

5.3.3　AFB_1 和 ZEA 对 AML12 细胞相对活力的影响

AFB_1 和 ZEA 分别作用于小鼠 AML12 细胞约 24 h 后，AFB_1 呈现显著的剂量依赖效应。从对细胞相对活力的影响上看，相同质量浓度的两种毒素，AFB_1 对 AML12 细胞相对活力影响要比 IPEC－J2 细胞大，可能是由于 AFB_1 作用的靶器官是肝脏。Zhou 等（2017）报道，AFB_1 和 ZEA 作用于人肝细胞 HepG2 约 48 h 后，得到细胞半数抑制率分别是 4.85 mg/L 和 11.11 mg/L，与本试验结果不同，可能由处理时间不同和细胞不同所致。ZEA 对 AML12 细胞的生长也有抑制作用，但变化规律不明显。

5.4　小结

AFB$_1$ 和 ZEA 作用于不同细胞，其损伤程度也不同。对 IPEC-J2 细胞的毒性：ZEA > AFB$_1$；对 AML12 细胞的毒性：AFB$_1$ > ZEA。AFB$_1$ 和 ZEA 对两种细胞的毒性存在时间和剂量依赖效应，而且在低质量浓度时，两种毒素之间就存在协同作用。当两种毒素（AFB$_1$ 质量浓度为 40 μg/L、ZEA 质量浓度为 500 μg/L）单一或同时作用于 IPEC - J2 细胞 24 h 时，对细胞毒性就表现出协同叠加作用。本章为下一步试验建立细胞中毒模型奠定基础。

第6章　霉菌毒素的检测技术

6.1　常用的霉菌毒素检测技术

由于产生霉菌毒素的霉菌无处不在，食品和饲料中霉菌毒素污染问题逐渐成为现代农业生产中不可忽视的重大问题。因此，近年来，国内外学者已经开展了霉菌毒素检测方法的相关研究，并取得一定进展。迄今为止，许多快速筛选方法和定量技术真菌毒素的检测方法已被开发出来，研究人员应调查真菌毒素的发生情况并评估它们在动物模型中的毒性动力学。酶联免疫吸附法、高效液相色谱法、液相色谱－串联质谱法、气相色谱法，以及薄层色谱分析法都是经常用到的用于真菌毒素分析的技术。在过去的几十年中，液相色谱－串联质谱法、高效液相色谱法、酶联免疫吸附法是最常用的真菌毒素检测方法。此外，还有一些其他的快速检测方法，如胶体金免疫层析条法和荧光法检测试剂盒法。这些试纸和试剂盒由于其准确性和可靠性有限，无法用于科学研究，但可广泛应用于快速和现场应用筛选的目的。本章简要介绍几种霉菌毒素检测方法，以期为霉菌毒素的定性定量检测提供应用研究的参考。下面我们就来介绍一下几种常见的测定霉菌毒素的检测方法。

6.1.1　高效液相色谱法

相对于其他应用与研究的色谱分析来说，高效液相色谱法（HPLC）被认为是科学研究中应用最广泛的分析方法，可应用于诊断、临床试验和生产。HPLC已广泛和频繁地用于饲料和食品中的霉菌毒素定量分析。HPLC已应用于45个中国选定的研究用于不同饲料和食品中主要真菌毒素的检测，例如它已被用于检测 AFs、DON、ZEN 和玉米样品中 FBs 含量；花生和普洱茶中的 AFs；生姜粉中的 OTA；红曲米黄霉素；各种水果制品中的展青霉素；红葡萄酒和白葡萄酒中的叶黄素 B。

6.1.2　液相色谱－串联质谱法

大多数产霉菌毒素的霉菌都能同时产生几种霉菌毒素，其结果是多种霉菌毒素的共同污染在饲料和食品中已被许多研究报道。液相色谱－串联质谱法（LC－MS/MS）技术已成为多种分析物同时检测方法的前沿技术。先前的研究证实 LC－MS/MS 具有同时检测多种霉菌毒素的能力并且无须衍生化。质谱系统已在 33 个选定的霉菌毒素研究中使用。不同饲料和食品中种类繁多的霉菌毒素已经被这种技术确定，比如大麦、小麦、玉米、小米、燕麦、花生、大米、高粱、小麦粉、小麦基产品、玉米产品；香菇、果汁、干果、动物饲料、葡萄酒和啤酒、番茄和柑橘类食品。

6.1.3　酶联免疫吸附法

基于抗原与抗体之间特异性结合的基本免疫学原型，酶联免疫吸附法（ELISA）能够检测微量的液体样品中的抗原。各种类型的用于检测主要真菌毒素的 ELISA 已被开发出来并在实际中得到应用。ELISA 因其快速、简便和成本低已被广泛应用于食品安全控制领域。然而，更多地需要努力克服交叉反应性和提高它们的敏感度。目前研究中已广泛使用 ELISA 对不同样品中真菌毒素的快速检测方法，包括牛奶样品中的 AFM_1，小麦和面粉中的 T－2 毒素，玉米中的 FB_1，玉米中总 AFs、总伏马菌素、AFB_1、DON，以及玉米中的伏马菌素。测定方法的可靠性依赖于谨慎完成从样品收集和处理到霉菌毒素的提取和清除。

6.1.4　免疫层析法

免疫层析法（ICA）是基于标记的特异性抗体与抗原的相互作用的检测方法，具有快速、准确、可视化和适合大批量检测等优点，但敏感度较差。Urusov 等建立了检测粮食中污染物 OTA 的免疫层析系统，检测水平分别为50 ng/mL 和 5 ng/mL 的粗植物提取物，检测时间为 10 min。免疫层析试纸条技术是 1971 年 Faulk 和 Taytor 发展起来的一种免疫学分析法，由于其具有特异性好、灵敏度高、成本低、简单快速等优点，现在已被广泛应用于临床诊断及药物检测等领域。免疫层析试纸条结构主要包括样品垫、金标垫、硝酸纤维素膜（NC 膜）、检测线（T 线）、质控线（C 线）、吸水垫及黏性底板等几个部分，如图 6-1 所示。

6.1.5　薄层色谱法

薄层色谱法（TLC）是利用提取溶剂的吸附或溶解性能的不同对不同混合物样品中霉菌毒素进行提取、分离的一种检测方法，具有操作简单、可靠、重现性好等特点。由于 TLC 需要稳定的溶剂和标准供应，以及严格的储存条件，检验过程烦琐，一般多用于霉菌毒素的仲裁检验。目前，我国国家标准中针对饲料中 AFB_1 半定量、配合饲料中 T－2 毒素和 DON、谷物和大豆中 OTA 仍然采用此方法进行检测。但是 TLC 样品前处理烦琐，且提取和净化效果不够理想，提取液中杂质较多，在展开时影响斑点的荧光强度，容易对检测结果产生影响。

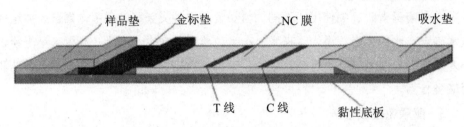

图 6-1　免疫层析试纸条结构图

6.1.6　超快速液相色谱法

超快速液相色谱法（UPLC）是一项快速的分析分离技术，具有使用方便、灵敏度高和选择性多等优点。Liu 等建立了一种 UPLC 与混合三重四极杆／线性离子阱串联质谱（UPLC－Qq QLIT－MS/MS）联用方法，用于同时检测白术中 7 种真菌毒素，检测和定量限分别达到 0.025～0.250 μg/kg、0.10～0.50 μg/kg。该方法具有分析时间短、耗时少、溶剂消耗少、灵敏度高等显著优势，是复杂基质中多类真菌毒素经济分析的首选方法，但检测仪器包括多个模块，价格昂贵，增加了维修难度和成本。该方法仅限于专业检测机构获得科研和调查分析、检测使用，未能在企业及基层推广使用，而且其结果的滞后效应大大降低了对生产实际的指导效果。

6.1.7　生物传感器技术

自便携式葡萄糖传感器问世至今，生物传感器得到了快速发展。围绕提高生物传感器技术、降低传感器成本、增加传感器灵敏度的诸多研究报道证明该技术是当下研究的热点。Jin 等用金纳米颗粒标记 AFB_1 抗体，结合传感器检测毒素的质量变化。Wang 使用一种多种抗体免疫芯片同时检测样品中的 AFB_1、OTA、DON、ZEA 和 T－2 毒素。Riccardi 为检测 AF 和 OTA 创建了微悬臂传感器。Bacher 开发了可直接检测 AFM_1 的阻抗传感器。Xu 等通过使用具有抗体涂层的金纳米棒检测 AFB_1 含量。磁性纳米颗粒由 Wu 采用，将磁捕获与次级感测颗粒结合的方法用于对溶液中的两种不同毒素的单独检测和定量分析。每个感测颗粒都具有颜色特异性并且设置为针对单独的毒素进行独立检测。Jodm 使用相应的方法来获得带有特异性抗体酶复合物的磁性标记颗粒，通过电化学手段进行伏马菌素的检测。值得一提的是 Lai 的研究，使用模拟表位肽模拟 OTA 并用于研发测流系统。

6.1.8　核酸适配体技术

核酸适配体技术用于霉菌毒素的检测在近年来也得到快速发展，主要方法有电化学法、荧光法、比色法等。核酸适配体是指利用具有高特异性和靶标结合亲和力的单链 DNA 或 RNA 分子，可与多种目标物质高选择性地结合，常用于检测低分子量的物质，广泛应用于生物传感器领域。基于核酸适配体生物传感器法具有易修饰、易合成、灵敏度高、易标记、特异性高、分子质量小、检测成本低等优势。Yue 等设计了一种新型光子晶体编码悬浮阵列适配体，可同时量化和鉴定谷类样品中的 OTA 和 FB_1，具有较广的线性检测范围（OTA 为 0.01 ~ 1.00 ng/mL，FB_1 为 0.001 ~ 1.000 ng/mL）和低检测限（OTA 为 0.25 pg/mL，FB_1 为 0.16 pg/mL）。在添加谷物样品中，OTA 的回收率为 81.80% ~ 116.38%，FB_1 的回收率为 76.58% ~ 114.79%，自然污染的谷物样品中阳性检测结果与经典的酶联免疫吸附试验结果一致。

6.2　饲料中霉菌毒素的检测技术

饲料中常见的霉菌毒素种类有单端孢霉烯族毒素（T‑2 毒素）、赭曲霉毒素、黄曲霉毒素（AFT）、玉米赤霉烯酮（ZEA）和伏马毒素（FB）等。霉菌毒素检测方法主要分为快速筛查方法和确证检测方法。快速筛查方法包括酶联免疫试剂盒法、胶体金试纸条法等，具有简单、快速、成本低等特点，但也存在一定的假阳性和假阴性，难以准确定量。在我国国家标准及行业标准中，已给出几种霉菌毒素检测方法（表 6-1）。目前检测 AFB_1 常用 ELISA，检测 AFT、ZEN 以及 T‑2 毒素含量常用 LC‑MS/MS，检测 DON、OTA 含量常用免疫亲和柱净化‑高效液相色谱测定方法，检测 FB_1、FB_2 含量常用 HPLC 和 LC‑MS/MS。但这些检测方法或多或少存在一定的局限性，如 ELISA 虽操作简便，但成本高且耗时长；免疫亲和柱净化‑高效液相色谱测定方法灵敏度高，但仪器昂贵且操作复杂。因此，研发快速、步骤简化、材料节省的定性定量检测方法成为迫切需求。TLC

是利用混合物中溶剂的吸附或溶解性能的不同对饲料中霉菌毒素进行提取、分离的一种检测方法，操作简单、可靠，并具有良好的重现性。确证检测方法主要有 HPLC、LC‑MS/MS 等，其中 LC‑MS/MS 由于具有定性和定量准确、灵敏度高、多组分同步检测等优点，已经成为饲料中霉菌毒素确证检测的主流方法。宠物饲料样品基质复杂，LC‑MS/MS 检测前需要进行样品前处理，特别是净化处理。常用的样品前处理方法包括免疫亲和柱法、免疫磁珠法、QuEChERS 等，虽然这些方法能够有效去除样品中杂质的干扰，但是存在操作复杂、费时耗力等缺点。以多功能柱为代表的通过杂质吸附原理进行净化的技术逐渐兴起，该方法净化时不需要柱活化、淋洗和洗脱等步骤，具有操作简单、快速、检测通量高等显著优点，已经成功应用于饲料样品中多种霉菌毒素的检测。

表 6-1　饲料中霉菌毒素主要快检方法

检测方法	检测目标物	精度	优缺点
气相色谱‑质谱	饲料中 DON 和 NIV	DON 和 NIV 的检出限度分别为 9 ng/g、7 ng/g	灵敏度高、稳定、准确，但操作复杂、检测费用昂贵
免疫酶技术	饲料中 AFB_1	最低检出质量浓度为 0.10 ng/mL	灵敏度高、操作简单、快速，但检测结果的重现性差、易出现假阳性
免疫亲和柱、荧光检测	饲料原料中 ZEA	0.01 mg/kg	快速、灵敏度高、准确，但所测毒素要求具有较强的荧光或者可生产荧光物质，有一定的局限性
免疫胶体金标记技术	饲料及饲料原料中 DON	检出限量为 0.2 mg/kg，定量限为 0.5 mg/kg	快速、假阳性少，但只适合单个或少数样品检测
电化学发光传感器技术	玉米中 FB_1	检出限量为 0.35 pg/mL	灵敏度高，有良好的特异性，但操作复杂且对试剂要求高

随着生物和理化技术的发展，一些基于生物和理化技术的快速霉菌毒素检测技术与检测方法逐步应用于霉菌毒素方面，主要有超快速液相色谱法、核酸适配体生物传感器法等。

随着人们生活水平的提高，人们对食品安全和环境污染问题愈加重视。然而近年来由于霉菌毒素污染而导致的各种事故层出不穷。霉菌毒素已经严重威胁人们的饮食卫生和生存环境。各种霉菌毒素广泛存在于被污染的粮食和饲料中，并且对于人畜有极强的致病致癌的作用，危害人畜的身体健康。国内外现有的针对霉菌毒素的检测方法主要有高效液相色谱法、酶联免疫吸附法、薄层色谱法、液相色谱－串联质谱法等，然而这些方法却都有其非常明显的局限性。有些对样品的处理步骤过于烦琐，操作过程复杂，有些需要昂贵复杂的仪器设备，并配备非常专业的操作人员才能完成，有些则容易出现假阳性的检测结果而且结果的准确性也不尽如人意。荧光纳米粒子由于具有高量子产率、可调的发射波长、宽的激发光谱、窄的发射光谱以及不易发生光漂白等优越的荧光特性，已经广泛用作一种生物标记物。而且量子点经过表面功能化之后发生特异性连接的生物相容性非常好，也可以减小对生物体的各种危害。利用磁性纳米粒子和荧光量子点构建的量子点免疫荧光检测技术是一种痕量、快速、高效的检测生物毒素的方法，可以与免疫检测方法相结合，绘制曲线，实现一种快速、高效的痕量检测方法。在该方法中，量子点的制备是连接荧光信号与免疫抗体的重点内容。近几十年来，量子点的制备从有机系到水相，从量子产率较低、荧光强度较低到量子产率较高、荧光强度较高，从荧光寿命较短到荧光寿命较长，量子点的制备在不断地更新和发展。量子点的粒径一般为 $1\sim10$ nm，由于电子和空穴被量子限域，连续的能带结构变成具有分子特性的分立能级结构，受激后可以发射荧光。与传统的有机荧光染料相比，它具有宽的激发广谱、窄的发射光谱、可精确调谐的发射波长、可忽略的光漂白等优越的荧光特性，可以很好地应用于荧光标记。免疫分析发展的热点一直都是围绕发展超灵敏的非竞争免疫分析方法进行的。要提高免疫分析的敏感性主要从以下 3 个方面进行：提高抗体的亲和力，这主要取决于重组抗体和抗体工程的发展；降低标记抗体的非特异性吸附，改进方法可以通过在缓冲液中添加非特异性蛋白质或表面活性剂和封闭；改变标记物活性，荧光标记物的活性主要是指抗光漂白性、抗其他光干扰的能力和识别分子上允许标记的荧光分子数等。

量子点的光学特性依赖于量子点的表面特性，但是单个的量子点颗粒容易受到杂质和晶格缺陷的影响，荧光产率比较低，人们发现，把量子点制成核－壳结构以后，可有效限域载流子，使其减少非辐射跃迁，能提高其荧光产率。目前，量子点的制备方法主要有溶胶法、微乳液法、气相沉积法、电化学沉积法等。Reissue 等首先用 CdO 作为前驱体，注入一定比例的 HAD/TOPO 配体溶剂中制备了 CdSeQDs。之后以硬脂酸锌作为 Zn 源，制备出荧光量子产率很高的 CdSe/ZnSeQDs。Mekis 等以 Cd(Ac)$_2$ 为镉的前驱体溶液，在 HAD－TOPO－TDPA 体系中制备出 CdSeQDs，制备过程持续通入 H$_2$S，制备出荧光颜色可变并且量子产率为 50%～85% 的 CdSe/CdS 量子点。虽然有机相制备的量子点稳定性强、荧光产率高，但是不能直接与生物大分子相连，而且有机试剂有毒性强、成本高、安全性低等缺点，因此，制备水相量子点成为当今人们研究的热点。

水相制备量子点具有试剂相对安全、廉价，制备出的量子点具有表面电荷和表面性质容易控制、容易引入官能团、优越的生物相容性等优点。水相制备量子点的方法主要有普通法、水热法和辅助微波法。

（1）普通法。

水相制备法多选用 Cd 或 Zn 作为阳离子前驱体，Se 或 Te 作为阴离子前驱体，多官能团巯基小分子作为保护剂，如巯基乙酸、巯基丙酸、谷胱甘肽、半胱氨酸等，通过加热回流前驱体混合溶液使量子点逐渐成核并生长。该方法也有很多不足，如量子产率低、荧光半峰宽宽、稳定性差等。经过多年的研究和持续改进，Guo 等通过改变镉单体，优化保护剂与镉的比例，制备了 TGA 包裹、量子产率为 50% 的 CdTe 量子点。据报道用物质的量之比为 1∶3 的谷胱甘肽和半胱氨酸作为保护剂合成 CdTe 量子点，荧光量子产率达 70%。

（2）水热法。

水热法是指在密闭的反应器中，通过将水加热到超临界温度制备量子点的一种方法。水热法是水相制备量子点的最好的方法，克服了常压下制备量子点时的回流温度不能超过 100 ℃的局限。随着反应温度的升高，量子点的制备时间明显减少，量子点表面缺陷得到改善，提高了量子点的量子产率。Zhao 等选用 N－乙酰基－I－半胱氨酸作为保护剂，用水热法成功制备出了在近红外区发光、荧光量子产率可达 45%～62% 的核壳 CdSe/CdS 量子点。

（3）辅助微波法。

辅助微波法是近几年发展起来的技术，原理是利用微波辐射，从分子内部加热，反应率的动力学可以增加 1～2 个数量级，避免了普通加热导致局部过热以及量子点生长速度缓慢的问题，具有制得的量子点具有尺寸分布均一，半峰宽窄和荧光量子产率高等特点。

　　Qian 等利用辅助微波法制备了 MPA 包裹的 ZnSe 量子点，荧光量子产率达 17%。Deng 等在低于 100 ℃的低温条件下，用柠檬酸作为保护剂制备了尺寸分布集中、荧光性能良好的 CdSe 量子点和 CdSe/CdS 核壳式量子点，CdSe/CdS 核壳式量子点的荧光量子产率比 CdSe 量子点提高了 5 ~ 10 倍。

　　因此，随着科学研究水平的发展，对于霉菌毒素的检测精确度、检测限度和检测方法也在不断地提高与改进，上述霉菌毒素检测方法可以应用于不同的霉菌毒素、环境污染物或者是疾病的标志物的检测，最终满足人们生活水平日益提高、经济实力日益增长的必然需求。

第7章 饲料中霉菌毒素的生物降解

霉菌毒素对饲料和饲料原料的污染能够发生在田间及储存加工过程中。现阶段尚无有效方法避免饲料原料采收前的污染。因此，对饲料原料或饲料成品进行脱毒处理是保证饲料安全的重要步骤。传统的物理和化学方法，如吸附剂吸附、射线照射以及化学法降解等虽然能在一定程度上消除霉菌毒素的污染，但仍存在诸多缺陷。目前，市面上的吸附剂种类繁多、效果各异。Mitchell 等研究表明，蒙脱石最高可以去除样品中 97% 的 AFB_1，但对 DON、ZEA 等弱极性毒素的吸附能力较差。Ameer 等利用紫外线实现对家禽饲料中 OTA 的降解。但紫外线对固体物质的穿透能力较弱，导致该方法在实际应用中的脱毒效率较低，且可能会造成紫外线污染。此外，碱处理法能够去除玉米中的 FBs，但氢氧化钠等化学物质的残留会影响玉米的品质及食用安全性。因此，研究人员将注意力转移到利用生物降解霉菌毒素的研究上，即微生物降解法和酶解法。

7.1 以复合益生菌对霉菌毒素降解效果为例的生物降解相关研究

7.1.1 材料与方法

7.1.1.1 菌种选择

基于实验室前期试验筛选菌株降解 AFB_1 与 ZEA 的结果，选取了枯草芽孢杆菌 K_4、干酪乳杆菌、产朊假丝酵母这三种微生物作为配制复合益生菌的候选菌，探讨复合益生菌联合作用对毒素的降解效果。试验所用的枯草芽孢杆菌 K_4、干酪乳杆菌、产朊假丝酵母均由河南农业大学生物技术与动物营养研究室保存。

7.1.1.2 试剂

试验试剂主要有酵母浸粉（yeast extract powder）、胰蛋白胨（tryptone）、蛋白胨（peptone）、葡萄糖（$C_6H_{12}O_6$）、氯化钠（NaCl）、磷酸氢二钾（KH_2PO_4）、

无水乙酸钠（CH_3COONa）、柠檬酸铵 [$C_6H_5O_7(NH_4)_3$]、吐温 80（Tween 80）、硫酸镁（$MgSO_4$）、硫酸锰（$MnSO_4$）、甲醇（CH_3OH）、无水乙醇（C_2H_5OH）等，以上均为国产分析纯。AFB_1 和 ZEA 均购于美国 Sigma 公司，纯度＞99%。

7.1.1.3　培养基

LB 培养基：胰蛋白胨 10 g/L、NaCl 10 g/L、酵母浸粉 5 g/L，用蒸馏水定容至 1 L，用 NaOH 溶液调节使 pH 值为 7.0，在 121 ℃、$1.034×10^5$ Pa 条件下高压蒸汽灭菌 20 min，4℃保存备用。

YPD 培养基：蛋白胨 20 g/L、葡萄糖 20 g/L、酵母浸粉 10 g/L，用蒸馏水定容至 1 L，在 121 ℃、$1.034×10^5$ Pa 条件下高压蒸汽灭菌 20 min，4 ℃保存备用。

MRS 培养基：胰蛋白胨 15 g/L、葡萄糖 20 g/L、酵母浸粉 10 g/L、磷酸氢二钾 2 g/L、乙酸钠 2 g/L、柠檬酸铵 2 g/L、硫酸镁 0.2 g/L、硫酸锰 0.05 g/L、吐温 80 1 mL，用蒸馏水定容至 1 L，在 121 ℃、$1.034×10^5$ Pa 条件下高压蒸汽灭菌 20 min，4 ℃保存备用。

7.1.1.4　仪器设备

主要仪器设备见表 7-1。

表 7-1　主要仪器设备

仪器	型号	生产商
生物净化工作台	BCM－1000	苏州净化设备有限公司
恒温培养箱	PYX－DHS－BS－Ⅱ	上海跃进医疗器械有限公司
立式压力蒸汽灭菌器	LDZX－30KBS	上海申安医疗器械厂
冰箱	BCD－649WE	青岛海尔股份有限公司
酸度计	PHS-2C	天津赛得利斯实验分析仪器制造厂
酶标仪	ELx800	BioTek Instruments, Ins, USA
磁力搅拌器	Jan－79－1	金坛市中大仪器厂
电热鼓风干燥箱	101	北京中兴伟业仪器有限公司
台式高速冷冻离心机	H－1850R	湖南湘仪实验仪器开发有限公司
黄曲霉毒素酶联反应检测试剂盒	R1211	德国拜发公司
玉米赤霉烯酮酶联反应检测试剂盒	R5505、R5502	德国拜发公司

7.1.1.5　菌种的活化与培养

将实验室保存的枯草芽孢杆菌 K₄ 接种到 LB 培养基上，37 ℃、200 r/min 培养，24 h 后分别按 2% 的接种量接入新鲜培养基，再培养 24 h 后测定活菌数。干酪乳杆菌接种到 MRS 培养基上，37 ℃静止状态下培养，24 h 后分别按 2% 的接种量接入新鲜培养基，再培养 24 h 后测定活菌数。产朊假丝酵母接种到 YPD 培养基上，30 ℃、200 r/min 培养，24 h 后分别按 2% 的接种量接入新鲜培养基，再培养 24 h 后测定活菌数。

活菌数的测定：培养至 24 h 时，先将培养液混合均匀，之后从每个发酵液里分别取 0.5 mL，将其加入 4.5 mL 的生理盐水，在旋涡混合仪上充分混合均匀，此时为 10 倍稀释，之后按上述方法将培养液逐级稀释到 1×10^7 CFU/mL。用移液器准确吸取 10^5、10^6、10^7 的稀释液，加至相对应的固体平皿中，置于对应温度恒温培养箱中培养。24 h 后对菌落数在 10~100 个的平皿进行菌落计数，结果换算为自然对数，单位为 CFU/mL。

7.1.1.6　复合益生菌体外降解霉菌毒素试验的响应面设计

基于生产实际的合理性，将上述的益生菌活菌数调至 1.0×10^5 CFU/mL、1.0×10^6 CFU/mL、1.0×10^7 CFU/mL 进行体外降解试验。运用响应面法进行三因素三水平试验设计，找寻降解霉菌毒素效果最佳的组合配比。利用 Design-Expert 8.0.6 软件，采用 Box-Behnken Design（BBD）设计、模型拟合和数据分析。试验设计因素及编码水平见表 7-2，菌数为反应体系内所含的活菌数。将试验结果输入 Design-Expert 软件进行分析，得出线性回归方程。根据线性回归方程，得出降解霉菌毒素的最佳益生菌组合。

表 7-2　试验设计因素及编码水平表

因素	编码水平		
	-1	0	1
X_1（枯草芽孢杆菌 K₄）/（CFU·mL⁻¹）	1.0×10^5	1.0×10^6	1.0×10^7
X_2（干酪乳杆菌）/（CFU·mL⁻¹）	1.0×10^5	1.0×10^6	1.0×10^7
X_3（产朊假丝酵母）/（CFU·mL⁻¹）	1.0×10^5	1.0×10^6	1.0×10^7

为了体现自变量和因变量的关系，采用二次多项方程进行拟合，预测二次多项方程形式如下：

$$Y = \beta_0 + \beta_1 X_1 + \beta_2 X_2 + \beta_3 X_3 + \beta_{11} X_1^2 + \beta_{22} X_2^2 + \beta_{33} X_3^2 + \beta_{12} X_1 X_2 + \beta_{13} X_1 X_3 + \beta_{23} X_2 X_3$$

式中：Y 是益生菌组合对霉菌毒素的降解率；X_1、X_2、X_3 是自变量，分别对应枯草芽孢杆菌 K_4、干酪乳杆菌、产朊假丝酵母；β_0 是截距；β_1、β_2、β_3 是线性系数；β_{11}、β_{22}、β_{33} 是平方系数；β_{12}、β_{13}、β_{23} 是交叉系数。

7.1.1.7　复合益生菌对 ZEA 降解效果的研究

（1）ZEA 标准品的稀释。

将 3 mg ZEA 标准品溶解到 3 mL 的甲醇中，混匀分装到 3 个棕色瓶中，放于 −20 ℃冰箱中保存。取上述稀释的 ZEA 标准品 0.1 mL 溶于 1.9 mL 的甲醇中，使得溶液质量浓度为 50 mg/L，放于 −20 ℃冰箱中待用。

（2）复合益生菌体外降解 ZEA 试验的响应面设计。

运用响应面法进行三因素三水平试验设计，找寻降解 ZEA 效果最佳的益生菌组合配比。试验体系为 5 mL，空白培养基为 MRS 培养基。

对照组：1.95 mL 生理盐水 + 3 mL MRS 培养基 +0.05 mL ZEA 标准品（50 mg/L）。

试验组：不同体积的三种益生菌，加入 0.05 mL ZEA 标准品（50 mg/L），加入 3 mL MRS 培养基，再加生理盐水补足 5 mL。

该设计共 18 个试验点，每个试验点做 3 个重复，每个重复设定 ZEA 含量为 500 μg/L。

（3）ZEA 降解率的测定。

取活化后的各种菌种发酵液，加入 50 μL 的 ZEA（50 mg/L）标准品，在 37 ℃及 200 r/min 恒温培养箱中振荡培养 24 h，然后在 4 ℃及 10 000 r/min 的离心机中离心 5 min，取一定量的上清液，按 ZEA 试剂盒步骤进行毒素含量测定。

7.1.1.8　复合益生菌对 AFB_1 降解效果的研究

（1）AFB_1 标准品的稀释。

将 3 mg AFB_1 标准品溶解到 3 mL 的甲醇中，混匀分装到 3 个棕色瓶中，放于 −20 ℃冰箱中保存。取上述稀释的 AFB_1 标准品 0.1 mL 溶于 0.9 mL 的甲醇中，使得溶液质量浓度为 100 mg/L，再用甲醇稀释 10 倍，使得质量浓度为 10 mg/L，放于 −20 ℃冰箱中待用。

（2）复合益生菌体外降解 AFB_1 试验响应面设计。

运用响应面法进行三因素三水平试验设计，找寻降解 AFB_1 效果最佳的益生菌组合配比。试验体系为 5 mL，空白培养基为 MRS 培养基。

对照组：1.975 mL 生理盐水 + 3 mL MRS 培养基 + 0.025 mL AFB_1 标准

品（10 mg/L）；

试验组：不同体积的三种益生菌，加入 0.025 mL AFB$_1$ 标准品（10 mg/L），加入 3 mL MRS 培养基，再加生理盐水补足 5 mL。

该设计共 18 个试验点，每个试验点做 3 个重复，每个重复设定 AFB$_1$ 含量为 50 μg/L。

（3）AFB$_1$ 降解率的测定。

取活化后的各种菌种发酵液，加入 25 μL 的 AFB$_1$（10 mg/L）标准品，在 37 ℃及 200 r/min 恒温培养箱中振荡培养 24 h，其余操作步骤同 7.1.1.7。

7.1.1.9 复合益生菌对 AFB$_1$+ZEA 降解效果的研究

（1）两种毒素标准品的稀释。

方法同 7.1.1.7、7.1.1.8。

（2）复合益生菌体外降解 AFB$_1$+ZEA 试验响应面设计。

运用响应面法进行三因素三水平试验设计，找寻降解 AFB$_1$+ZEA 效果最佳的益生菌组合配比。试验体系为 5 mL，空白培养基为 MRS 培养基。

对照组：1.825 mL 生理盐水 + 3 mL MRS 培养基 +0.125 mL AFB$_1$ 标准品（2 mg/L）+0.05 mL ZEA 标准品（50 mg/L）。

试验组：不同体积的三种益生菌，加入 0.125 mL AFB$_1$ 标准品（2 mg/L）和 0.05 mL ZEA 标准品（50 mg/L），加入 3 mL MRS 培养基，再加生理盐水补足 5 mL。

该设计共 18 个试验点，每个试验点做 3 个重复，每个重复设定 AFB$_1$ 50 μg/L、ZEA 500 μg/L。

（3）毒素降解率的测定。

同 7.1.1.7、7.1.1.8。

7.1.1.10 数据统计与分析

试验数据经 Excel 初步整理后，采用 Design – Expert 8.0.6 软件对响应面数据进行分析。采用 SPSS 17 统计分析软件对各组数据进行方差分析和 Duncan 多重比较，差异显著用 $P < 0.05$ 表示，所有结果均以平均值 ± 标准差表示。

7.1.2 结果与分析

7.1.2.1 降解 ZEA 的最佳益生菌组合

根据 Design Expert 8.0.6 软件中 Box – Behnken 试验设计，设计了 18 个试验点的响应面分析试验，其中对照组 24 h 后 ZEA 含量为 511.53 μg/L，计算试验组

ZEA 的降解率并对其进行回归，建立响应面二次回归模型，寻求最优因素水平，试验结果与回归方程方差分析见表 7-3 和表 7-4。利用 Design‑Expert 8.0.6 对数据进行多元二次回归拟合，得出回归模型方程如下：

$$Y = -22.653 - 58.73X_1 + 27.00X_2 + 39.87X_3 + 5.40X_1^2 - 0.57X_1X_2 + 0.86X_1X_3 - 1.95X_2^2 - 0.30X_2X_3 - 3.52X_3^2$$

表 7-3　Box-Behnken 设计参数与响应值 ZEA 降解率

分组	X_1	X_2	X_3	ZEA 降解率 /%	
				试验结果	预测结果
1	1	0	1	31.72±3.57[b]	32.51
2	1	1	0	29.01±4.40[b]	30.08
3	0	0	0	21.96±1.70[c]	21.58
4	0	1	−1	14.97±3.50[e]	13.84
5	0	0	0	21.52±2.24[cd]	21.58
6	0	0	0	21.59±1.53[c]	21.58
7	−1	−1	0	19.82±1.37[cde]	18.74
8	1	−1	0	36.42±1.89[a]	34.50
9	0	0	0	20.92±2.05[cd]	21.58
10	0	−1	1	17.84±2.29[cde]	18.97
11	0	0	0	21.89±2.03[c]	21.58
12	0	1	1	16.95±4.42[cde]	15.09
13	1	0	−1	28.88±1.74[b]	28.94
14	−1	1	0	14.69±2.40[e]	16.61
15	0	−1	−1	14.65±3.54[e]	16.51
16	−1	0	1	16.23±2.65[de]	16.17
17	−1	0	−1	16.82±3.03[cde]	16.03

注：同列字母不同表示差异显著（$P < 0.05$），同列字母相同表示差异不显著（$P > 0.05$），下同。

从表 7-4 可以看出，上述模型 $P = 0.000\,2$，表明该模型统计学上有显著性意义。在显著水平（$P < 0.05$）条件下，总 ZEA 降解率回归模型中枯草芽孢杆菌

X_1（$P < 0.000\,1$）、干酪乳杆菌 X_2（$P = 0.031\,9$），这两种因素对响应值有显著影响；X_1^2（$P = 0.000\,4$）与 X_3^2（$P = 0.004\,2$）表现显著，表明在枯草芽孢杆菌 K_4、产朊假丝酵母个体间存在较好的降解 ZEA 作用。回归模型的决定系数为 $R^2 = 0.968\,1 > 0.80$ 和校正 $R^2 = 0.927\,1 > 0.80$，说明回归方程的拟合度较好，可以较好地解释模型的变化。因此，可用此模型对复合益生菌降解 ZEA 的效果进行分析和预测。基于响应面分析，通过软件模拟寻优，当枯草芽孢杆菌 K_4、干酪乳杆菌与产朊假丝酵母的活菌数分别为 $1 \times 10^7\,\mathrm{CFU/mL}$、$1 \times 10^5\,\mathrm{CFU/mL}$ 和 $1 \times 10^6\,\mathrm{CFU/mL}$ 时，降解毒素 ZEA 效果最好，实测降解率为 36.42%，预测值为 34.5%。

表 7-4　响应面回归方程系数的方差分析

方差来源	平方和	自由度	均方	F 值	P 值
模型	640.08	9	71.12	23.62	0.000 2
X_1	427.34	1	427.34	141.94	< 0.000 1
X_2	21.48	1	21.48	7.14	0.031 9
X_3	6.88	1	6.88	2.29	0.174 3
X_1X_2	1.30	1	1.30	0.43	0.532 2
X_1X_3	2.94	1	2.94	0.98	0.355 9
X_2X_3	0.37	1	0.37	0.12	0.737 6
X_1^2	120.94	1	120.94	40.17	0.000 4
X_2^2	16.02	1	16.02	5.32	0.054 5
X_3^2	52.26	1	52.26	17.36	0.004 2
残差	21.08	7	3.01		
失拟项	20.40	3	6.80	40.01	0.001 9
纯误差	0.68	4	0.17		
总和	661.15	16			
R^2	0.968 1				
校正 R^2	0.927 1				
C.V. /%	8.06				

响应面图和对应的等值线图见图 7-1，每个 3D 响应面图表示在其中两个因

素为 0 水平的条件下，另外两个因素对响应值 ZEA 降解率的影响关系。由图 7-1(a) 可以看出，枯草芽孢杆菌 K_4 和干酪乳杆菌的交互作用对 ZEA 降解率的影响不显著。由图 7-1(b) 可以看出，枯草芽孢杆菌 K_4 和产朊假丝酵母的交互作用对 ZEA 降解率的影响不显著。由图 7-1(c) 可以看出，干酪乳杆菌和产朊假丝酵母的交互作用对 ZEA 降解率的影响不显著。

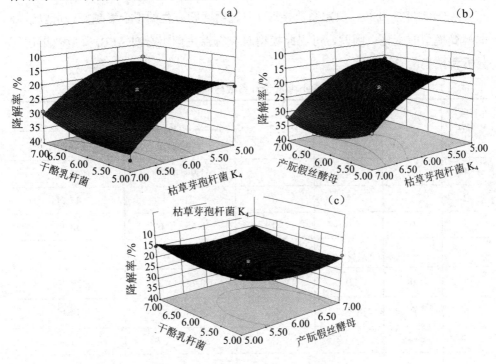

图 7-1　不同因素响应面优化趋势图

（a）枯草芽孢杆菌 K_4 和干酪乳杆菌对 ZEA 降解率的影响；　（b）枯草芽孢杆菌 K_4 和产朊假丝酵母对 ZEA 降解率的影响；　（c）干酪乳杆菌和产朊假丝酵母对 ZEA 降解率的影响

7.1.2.2　最佳益生菌组合降解 AFB_1 响应面分析

根据 Design Expert 8.0.6 软件中 Box – Behnken 试验设计，设计了 18 个试验点的响应面分析试验，其中对照组 24 h 后 AFB_1 含量为 43.63 μg/L，计算试验组 AFB_1 的降解率并对其进行回归，建立响应面二次回归模型，寻求最优因素水平，试验结果与回归方程方差分析见表 7-5 和表 7-6。利用 Design – Expert 8.0.6 对数据进行多元二次回归拟合，得出回归模型方程如下：

$$Y = 80.346 - 10.64X_1 - 17.86X_2 + 5.51X_3 + 1.13X_1^2 - 0.38X_1X_2 + 0.16X_1X_3 + 1.57X_2^2 + 1.02X_2X_3 - 0.83X_3^2$$

从表 7-6 可以看出，上述模型 $P = 0.0022$，表明该模型统计学上有显著性意义。在显著水平（$P < 0.05$）条件下，总 ZEA 降解率回归模型中枯草芽孢杆菌 X_1（$P = 0.0327$）、干酪乳杆菌 X_2（$P < 0.0001$）、产朊假丝酵母 X_3（$P = 0.0032$），这些因素对响应值有显著影响；失拟项 P 值为 $0.021 > 0.005$ 即方程模型失拟不显著，说明方程的拟合度较好。回归模型的决定系数为 $R^2 = 0.9350 > 0.80$ 和校正 $R^2 = 0.8514 > 0.80$，决定系数接近 1，说明回归方程的拟合度越好，可以较好地解释模型的变化。因此，可用此模型对复合益生菌组合对 AFB_1 降解效果进行分析和预测。

表 7-5 Box-Behnken 设计参数与响应值 AFB_1 降解率

分组	X_1	X_2	X_3	AFB_1 降解率 /%	
				试验结果	预测结果
1	1	0	1	41.94±4.47[bcd]	43.03
2	1	1	0	46.21±3.44[ab]	47.11
3	0	0	0	38.65±4.16[cde]	38.39
4	0	1	−1	40.79±3.16[bcde]	40.33
5	0	0	0	38.72±4.43[cde]	38.39
6	0	0	0	39.18±2.77[cde]	38.39
7	−1	−1	0	35.21±3.67[ef]	34.30
8	1	−1	0	39.76±3.38[cde]	38.21
9	0	0	0	38.12±1.82[cde]	38.39
10	0	−1	1	35.44±1.92[ef]	35.90
11	0	0	0	37.27±3.66[cde]	38.39
12	0	1	1	49.58±1.15[a]	47.58
13	1	0	−1	37.94±0.92[cde]	37.49
14	−1	1	0	43.16±3.76[bc]	44.71
15	0	−1	−1	30.71±2.90[f]	32.71
16	−1	0	1	39.11±4.08[cde]	39.56
17	−1	0	−1	35.75±2.00[def]	34.66

表 7-6　响应面回归方程系数的方差分析

方差来源	平方和	自由度	均方	F 值	P 值
模型	284.14	9	31.57	11.19	0.002 2
X_1	19.91	1	19.91	7.05	0.032 7
X_2	186.44	1	186.44	66.06	< 0.000 1
X_3	54.50	1	54.5	19.31	0.003 2
X_1X_2	0.56	1	0.56	0.20	0.668 8
X_1X_3	0.10	1	0.10	0.04	0.854 3
X_2X_3	4.12	1	4.12	1.46	0.266 2
X_1^2	5.34	1	5.34	1.89	0.211 4
X_2^2	10.39	1	10.39	3.68	0.096 5
X_3^2	2.89	1	2.89	1.03	0.345 0
残差	19.76	7	2.82		
失拟项	17.63	3	5.88	11.05	0.021 0
纯误差	2.13	4	0.53		
总和	303.9	16			
R^2	0.935				
校正 R^2	0.851 4				
C.V. /%	4.28				

基于响应面分析，通过软件模拟寻优，当枯草芽孢杆菌 K_4、干酪乳杆菌与产朊假丝酵母的活菌数分别为 $1\times10^6\,CFU/mL$、$1\times10^7\,CFU/mL$ 与 $1\times10^7\,CFU/mL$ 时，降解毒素 AFB_1 效果最好，实测降解率为 49.58%，预测值为 47.58%。

响应面图和对应的等值线图见图 7-2，每个 3D 响应面图表示在其中两个因素为 0 水平的条件下，另外两个因素对响应值 AFB_1 降解率的影响关系。由图 7-2(a) 可以看出，枯草芽孢杆菌 K_4 和干酪乳杆菌的交互作用对 AFB_1 降解率的影响不显著。由图 7-2(b) 可以看出，枯草芽孢杆菌 K_4 和产朊假丝酵母的交互作用对 AFB_1 降解率的影响不显著。由图 7-2(c) 可以看出，干酪乳杆菌和产朊假丝酵母的交互作用对 AFB$_1$ 降解率的影响不显著。

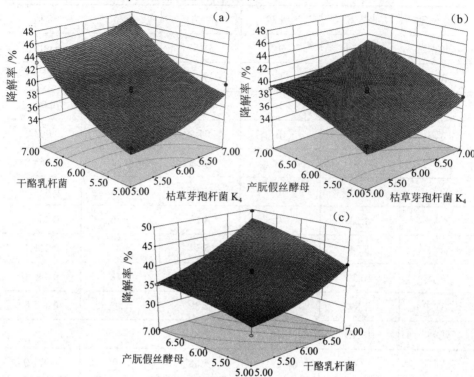

图 7-2　不同因素响应面优化趋势图

（a）枯草芽孢杆菌 K$_4$ 和干酪乳杆菌对 AFB$_1$ 降解率的影响；　（b）枯草芽孢杆菌 K$_4$ 和产朊假

丝酵母对 AFB$_1$ 降解率的影响；　（c）干酪乳杆菌和产朊假丝酵母对 AFB$_1$ 降解率的影响

7.1.2.3　最佳益生菌组合降解 ZEA+AFB$_1$ 响应面分析

根据 Design Expert 8.0.6 软件中 Box－Behnken 试验设计，其中对照组 24 h 后 ZEA 含量为 589.60 μg/L，AFB$_1$ 含量为 57.75 μg/L，计算试验组 AFB$_1$+ZEA 的降解率并对其进行回归，建立响应面二次回归模型，寻求最优因素水平，试验结果与回归方程方差分析见表 7-7、表 7-8 和表 7-9。利用 Design－Expert 8.0.6 对数据进行多元二次回归拟合，因在模型上选择"Quadratic"二次方重复多次试验所得的 R^2 结果均偏低，于是选用模型"Cubic"三次方得出回归模型方程如下：

$$Y_1（AFB_1）= 37.40 + 3.21X_1 + 0.58X_2 + 0.29X_3 - 3.53X_1^2 + 0.79X_1X_2 - 0.11X_1X_3 -$$
$$1.19X_2^2 - 2.96X_2X_3 - 4.11X_3^2 + 0.29X_1^2X_2 + 5.52X_1^2X_3 - 6.09X_1X_2^2$$

$$Y_2（ZEA）= 9.99 + 1.53X_1 - 3.20X_2 - 2.90X_3 + 5.90X_1^2 + 0.75X_1X_2 - 1.82X_1X_3 +$$

$$1.67X_2^2 + 7.76X_2X_3 + 2.49X_3^2 - 3.93X_1^2X_2 + 11.10X_1^2X_3 + 2.11X_1X_2^2$$

在选择模型"Cubic"三次方的基础上，多项及三次方的系数为 0，所以方程里未出现系数为 0 的多项。与上述分析相似，由表 7-8 和表 7-9 可知，两个响应值的模型 P 值均小于 0.05，间接说明此模型可用，在统计学上有意义。回归模型的决定系数为 R^2 和校正 R^2 均大于 0.80，说明回归方程的拟合度好。基于响应面分析，当枯草芽孢杆菌 K_4、干酪乳杆菌与产朊假丝酵母的活菌数分别为 1×10^7 CFU/mL、1×10^6 CFU/mL 与 1×10^7 CFU/mL 时，同时降解两种毒素的效果最好，实测 AFB_1 降解率为 38.67 %，ZEA 降解率为 26.29 %。

表 7-7　Box-Behnken 设计参数与响应值 AFB_1 与 ZEA 降解率

分组	X_1	X_2	X_3	AFB_1 降解率 /%	ZEA 降解率 /%
1	1	0	1	38.67±3.28[a]	26.29±1.48[a]
2	1	1	0	31.46±1.09[bcde]	14.82±2.9[c]
3	0	0	0	39.1±1.75[a]	8.98±1.41[efg]
4	0	1	−1	35.35±0.66[ab]	6.09±2.7[g]
5	0	0	0	38.82±1.32[a]	9.95±3.3[defg]
6	0	0	0	37.81±2.88[a]	8.6±0.88[efg]
7	−1	−1	0	35.5±1.73[ab]	21.8±4.05[b]
8	1	−1	0	28.14±3.46[de]	27.58±1.13[a]
9	0	0	0	35.64±2.39[ab]	11.91±1.33[cde]
10	0	−1	1	34.78±2.53[abc]	6.69±2.25[fg]
11	0	0	0	35.64±3.53[ab]	10.52±1.12[def]
12	0	1	1	30.01±1.95[cde]	15.82±0.54[c]
13	1	0	−1	27.27±3.12[e]	13.52±3.28[cd]
14	−1	1	0	35.64±3.78[ab]	6.05±1.47[g]
15	0	−1	−1	28.28±4.16[de]	28.01±1.94[a]
16	−1	0	1	32.47±1.98[bcd]	26.87±1.87[a]
17	−1	0	−1	20.64±2.39[f]	6.83±2.32[fg]

表 7-8　AFB$_1$ 降解率响应面回归方程系数的方差分析

方差来源	平方和	自由度	均方	F 值	P 值
模型	392.99	12	32.75	11.62	0.014 9
X_1	41.15	1	41.15	14.61	0.018 7
X_2	1.32	1	1.32	0.47	0.530 9
X_3	0.34	1	0.34	0.12	0.747 1
X_1X_2	2.53	1	2.53	0.9	0.397 1
X_1X_3	0.05	1	0.05	0.016	0.904 3
X_2X_3	35.05	1	35.05	12.44	0.024 3
X_1^2	52.46	1	52.46	18.62	0.012 5
X_2^2	5.94	1	5.94	2.11	0.220 3
X_3^2	71.12	1	71.12	25.24	0.007 4
$X_1^2X_2$	0.17	1	0.17	0.06	0.819 0
$X_1^2X_3$	60.89	1	60.89	21.61	0.009 7
$X_1X_2^2$	74.24	1	74.24	26.35	0.006 8
纯误差	11.27	4	2.82		
总和	404.26	16			
R^2	0.972 1				
校正 R^2	0.888 5				
C.V. /%	5.05				

表 7-9　ZEA 降解率响应面回归方程系数的方差分析

方差来源	平方和	自由度	均方	F 值	P 值
模型	1 064.43	12	88.70	51.26	0.000 9
X_1	9.33	1	9.33	5.39	0.080 9
X_2	40.90	1	40.90	23.64	0.008 3
X_3	33.58	1	33.58	19.41	0.011 6

续表

方差来源	平方和	自由度	均方	F 值	P 值
X_1X_2	2.24	1	2.24	1.29	0.319 2
X_1X_3	13.21	1	13.21	7.64	0.050 7
X_2X_3	241.03	1	241.03	139.3	0.000 3
X_1^2	146.46	1	146.46	84.64	0.000 8
X_2^2	11.78	1	11.78	6.81	0.059 5
X_3^2	26.06	1	26.06	15.06	0.017 8
$X_1^2X_2$	30.89	1	30.89	17.85	0.013 4
$X_1^2X_3$	246.42	1	246.42	142.42	0.000 3
$X_1X_2^2$	8.90	1	8.90	5.15	0.085 9
纯误差	6.92	4	1.73		
总和	1 071.35	16			
R^2	0.993 5				
校正 R^2	0.974 2				
C.V. /%	8.93				

响应面图和对应的等值线图见图 7-3，每个 3D 响应面图表示在其中两个因素为 0 水平的条件下，另外两个因素对响应值毒素降解率的影响关系。由图 7-3(a) 可以看出，枯草芽孢杆菌 K_4 和干酪乳杆菌的交互作用对 AFB_1 降解率的影响不显著。由图 7-3(b) 可以看出，枯草芽孢杆菌 K_4 和产朊假丝酵母的交互作用对 AFB_1 降解率的影响不显著。由图 7-3(c) 可以看出，干酪乳杆菌和产朊假丝酵母的交互作用对 AFB_1 降解率有显著影响，当干酪乳杆菌活菌数达到 1×10^6 CFU/mL，产朊假丝酵母达到 1×10^6 CFU/mL 时，AFB_1 降解率最高；而干酪乳杆菌活菌数达到 1×10^7 CFU/mL 时，AFB_1 降解率开始降低。

由图 7-3(d) 可以看出，枯草芽孢杆菌 K_4 和干酪乳杆菌的交互作用对 ZEA 降解率的影响不显著。由图 7-3(e) 可以看出，枯草芽孢杆菌 K_4 和产朊假丝酵母的交互作用对 ZEA 降解率有显著影响。当产朊假丝酵母活菌数为 1×10^5 CFU/mL 时，随着枯草芽孢杆菌 K_4 活菌数的增大，ZEA 的降解率也随之增大，当其活菌数同

时达到 1×10^6 CFU/mL 时，ZEA 降解率最高。由图 7-3(f) 可以看出，干酪乳杆菌和产朊假丝酵母的交互作用对 ZEA 降解率有显著影响，当干酪乳杆菌活菌数达到 1×10^5 CFU/mL，产朊假丝酵母达到 1×10^5 CFU/mL 时，ZEA 降解率最高。

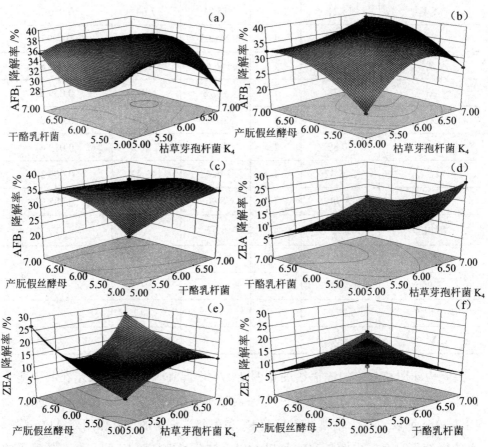

图 7-3 不同因素响应面优化趋势图

（a）枯草芽孢杆菌 K_4 和干酪乳杆菌对 AFB_1 降解率的影响； （b）枯草芽孢杆菌 K_4 和产朊假丝酵母对 AFB_1 降解率的影响； （c）干酪乳杆菌和产朊假丝酵母对 AFB_1 降解率的影响； （d）枯草芽孢杆菌 K_4 和干酪乳杆菌对 ZEA 降解率的影响； （e）枯草芽孢杆菌 K_4 和产朊假丝酵母对 ZEA 降解率的影响； （f）干酪乳杆菌和产朊假丝酵母对 ZEA 降解率的影响

7.1.3 讨论

7.1.3.1 复合益生菌降解 ZEA 的研究

关于利用单一微生物进行降解 ZEA 的研究有很多。骆翼等从霉变玉米以及玉米地土壤中筛选出了 4 株芽孢杆菌，在 2 mg/L 的 ZEA 溶液培养 24 h，降解率达到 95%。Lei 等得到一株枯草芽孢杆菌（*Bacillus pumilus*），具有高效降解 ZEA 的能力，该菌株对饲料及霉变玉米中 ZEA 的降解率在 84% 以上。通过研究该菌株降解 ZEA 的特性，发现该菌所产的一种胞外酶是降解 ZEA 作用的活性物质。冼嘉雯等筛选出一株酵母菌，在含有 ZEA 的培养基中培养 96 h，ZEA 残留量只有 3.4%。而本试验选用的是三个不同菌属的菌种，文献报道均有去除 ZEA 的效果，比如枯草芽孢杆菌可以产生淀粉酶，进入动物肠道内会促进糖类物质的吸收利用，产朊假丝酵母的酵母细胞壁可以吸附 ZEA。但是三者结合降解 ZEA 的报道还没有，本试验得到最好降解组合的降解率为 36.42%。

7.1.3.2 复合益生菌降解 AFB$_1$ 的研究

有文献报道，AFB$_1$ 与乳酸菌细胞壁的多聚糖等成分相结合，通过非共价方式形成 AFB$_1$ - 乳酸菌复合物。李志刚等用 8 株乳酸杆菌与 AFB$_1$ 和生理盐水混合培养，37 ℃振荡培养 1 h 和 2 h 后检测 AFB$_1$ 含量，结果发现干酪乳杆菌吸附效果最好。Bluma 等筛选出的多株芽孢杆菌皆对黄曲霉以及寄生曲霉类的生长有不同程度的抑制作用。Swary 等研究证实，酵母细胞壁对霉菌毒素有较高的吸附率。本试验通过响应面优化得到最佳的复合益生菌组合，其降解率为 49.58%。

7.1.3.3 复合益生菌降解 AFB$_1$+ZEA 的叠加毒性

雷明彦研究证实，ZEA 与 AFB$_1$ 存在一定的剂量依赖关系。在 AFB$_1$ 质量浓度低的条件下，ZEA 可以降低 AFB$_1$ 的肾细胞毒性，但当质量浓度高的时候，ZEA 与其则呈现出协同毒性效应。Williams 等报道，生长猪食用被 ZEA 和 DON 污染的玉米后，其生长性能受到影响，日采食量和日增重均有下降。目前，关于 AFB$_1$ 或 ZEA 单个毒素霉菌毒素生物解毒剂的研究很多，但是关于两者结合研究的却很少，本试验得到的复合益生菌组合同时降解两种毒素的 AFB$_1$ 降解率为 38.67%，ZEA 降解率为 26.29%。在降解率结果里，也有单个毒素较高的结果，比如，第 3 组、第 5 组和第 6 组 AFB$_1$ 降解率也很高，但是 ZEA 降解率太低，只有个位数；反之，在 ZEA 降解率高的组，AFB$_1$ 降解率太低。本试验研究是为了对比两种毒素的降解效果，因此选择了第 1 组作为降解效果最佳的组合。而两种毒素的降解率都偏低，推测在添加益生菌菌液后，两种毒素存在协同作用，对益生菌的降解产生抵制作用。

7.1.4 小结

复合益生菌降解霉菌毒素的试验结果表明：枯草芽孢杆菌 K_4、干酪乳杆菌、产朊假丝酵母组合为 $1×10^6$ CFU/mL、$1×10^7$ CFU/mL、$1×10^7$ CFU/mL 时，对 AFB_1 降解率最高，达到 49.58%；组合为 $1×10^7$ CFU/mL、$1×10^5$ CFU/mL、$1×10^6$ CFU/mL 时，对 ZEA 降解率最高，达到 36.42%；组合为 $1×10^7$ CFU/mL、$1×10^6$ CFU/mL、$1×10^7$ CFU/mL 时，对 AFB_1+ZEA 混合毒素降解率最高，AFB_1 降解率为 38.67%，ZEA 降解率为 26.29%。

7.2 复合益生菌与霉菌毒素降解酶配伍同时降解 AFB_1 和 ZEA 效果的研究

在粮食作物与饲料中检出率比较高和对人类与动物健康影响比较大的霉菌毒素，主要有 AFB_1 和 ZEA。AFB_1 和 ZEA 给养殖业带来巨大的经济损失。因此，如何有效地去除农产品及饲料中的霉菌毒素成为一项亟待解决的问题。运用微生物发酵或者其产生的酶将霉菌毒素降解为低量或者无毒的物质，来达到脱毒的目的，是一种安全、高效、环保的解毒方法。

本试验的目的是通过响应面设计对实验室保存的三种益生菌枯草芽孢杆菌、产朊假丝酵母和干酪乳杆菌的配比进行优化，得到三种益生菌的最优配比，再将这个复合益生菌与米曲霉固态发酵产生的毒素降解酶进行配伍，得出能够同时并且有效地降解 AFB_1 和 ZEA 的复合益生菌与霉菌毒素降解酶的最佳组合配比，为实际生产中利用生物方法降解饲料中 AFB_1 和 ZEA 提供参考依据。

7.2.1 试验材料与方法

7.2.1.1 试验试剂

试验试剂主要有酵母浸粉（yeast extract powder）、胰蛋白胨（tryptone）、蛋白胨（peptone）、葡萄糖（$C_6H_{12}O_6$）、氯化钠（NaCl）、磷酸氢二钾（KH_2PO_4）、无水乙酸钠（CH_3COONa）、柠檬酸铵 [$C_6H_5O_7(NH_4)_3$]、吐温 80（Tween 80）、硫酸镁（$MgSO_4$）、硫酸锰（$MnSO_4$）、甲醇（CH_3OH）、无水乙醇（C_2H_5OH）等，以上均为国产分析纯。AFB_1 和 ZEA 均购于美国 Sigma 公司，纯度＞99%。AFB_1 和 ZEA 分别用无水乙醇和甲醇作溶剂，它们储备液质量浓度分别为 1.00 mg/mL 和 2 mg/mL。储备液使用前，用 0.22 μm 一次性滤膜除菌。

AFB$_1$ 定量检测试剂盒：ELISA 试剂盒 Aflatoxin B$_1$ 检测试剂盒（R-Biopharm，Germany）。玉米赤霉烯酮定量检测试剂盒：ELISA ZEA 检测试剂盒（R-Biopharm，Germany）。

7.2.1.2 仪器设备

立式高压蒸汽灭菌锅（型号：LDZX－30KBS，上海申安医疗器械厂）、生物净化工作台（型号：BCM－1000，苏州净化设备有限公司）、恒温双层气浴振荡器（型号：HZQ－C，江苏金坛杰瑞尔电器）、酶标仪（型号：Biotek ELx800，美国）、磁力搅拌器（型号：Jan－79－1，金坛市中大仪器厂）、电子分析天平 [型号：AB204－N，梅特勒－托利多仪器（上海）有限公司]、酸度计（型号：PHS－2C，天津赛得利斯实验分析仪器制造厂）、冰箱（BCD－649WE，青岛海尔股份有限公司）。

7.2.1.3 培养基的配制

MRS 培养基：胰蛋白胨 15 g/L，磷酸氢二钾 2 g/L，柠檬酸铵 2 g/L，酵母浸粉 10 g/L，硫酸锰 50 mg/L，葡萄糖 20 g/L，无水乙酸钠 5 g/L，硫酸镁 200 mg/L，吐温 80 1 mL/L，加适量蒸馏水充分溶解后，高压灭菌，4 ℃保存备用。

LB 培养基：胰蛋白胨 10 g/L，氯化钠 10 g/L，酵母浸粉 5 g/L，加适量蒸馏水充分溶解后，高压灭菌，4 ℃保存备用。

YPD 培养基：蛋白胨 20 g/L，酵母浸粉 10 g/L，葡萄糖 20 g/L，加入适量蒸馏水充分搅拌溶解后，高压灭菌。4 ℃保存备用。

PDA 培养基：葡萄糖 20.0 g/L，可溶性淀粉 6.0 g/L，硫酸镁 0.3 g/L，磷酸氢二钾 1.0 g/L，酵母浸粉 2 g/L，蛋白胨 5 g/L，加入适量蒸馏水充分搅拌溶解后，高压灭菌。4 ℃保存备用。

7.2.1.4 菌种选择与培养

根据之前的研究结果，选用实验室保存的干酪乳杆菌（*Lactobacillus casei*）、产朊假丝酵母（*Candida utilis*）、枯草芽孢杆菌（*Bacillus subtilis*）和米曲霉（*Aspergillus oryzae*）。这四种试验菌种均购自中国普通微生物菌种保藏管理中心。

干酪乳杆菌按照 1% 的接种量接种于 MRS 液体培养基中，37 ℃静置培养 24 h 后，测活菌数（达到 1×10^9 CFU/mL 以上）备用。

产朊假丝酵母按照 1% 的接种量接种于 YPD 液体培养基中，30 ℃，180 r/min，振荡培养 24 h 后，测活菌数（达到 $1×10^8$ CFU/mL 以上）备用。

枯草芽孢杆菌按照 1% 的接种量接种于 LB 液体培养基中，37 ℃，180 r/min，振荡培养 24 h 后，测活菌数（达到 $1×10^9$ CFU/mL 以上）备用。

霉菌毒素降解酶的制备：将培养好的米曲霉孢子悬液 12 mL 接种于米曲霉产酶固体发酵培养基（麸皮 42 g，玉米 6 g，豆粕 12 g，加入蒸馏水 36 mL，搅拌均匀，高压灭菌），置于 30 ℃恒温培养箱中培养 5~7 d，待发现有大量米黄色孢子产生时收获，按照液固比为 10∶1 的比例将生理盐水与固体发酵培养物混合均匀，30 ℃摇床振荡 2 h，静置 4 h，之后用 8 层纱布过滤，然后将滤液离心（10 000 r/min、5 min），最后用 0.22 μm 滤膜过滤除菌后，保存于 4 ℃备用。测得 AFB_1 降解酶活为 284.3 U/L，ZEA 降解酶活为 31.0 U/L（酶活定义：在 pH 值为 8.0、温度为 37 ℃条件下，1 min 能降解 1 ng AFB_1 或 ZEA 所需要的酶量，定义为一个酶活单位 U）。

7.2.1.5 试验方法

（1）复合益生菌最优组合条件优化试验设计。

利用 Design-Expert 8.0.6 软件，采用 Central Composite Design（CCD）设计、模型拟合和数据分析。

试验体系为 10 mL。

对照组：5 mL 生理盐水 + 5 mL MRS 培养基。

试验组：根据试验设计分别加入不同体积的三种益生菌（用生理盐水配平 5 mL），再加入 5 mL MRS 培养基。

该设计共 20 个试验点，每个试验点做 3 个重复，每个重复设定毒素量为 AFB_1 40 μg/L 和 ZEA 500 μg/L。

为了体现自变量和因变量的关系，采用二次多项式方程进行拟合，预测二次多项方程式如下：

$$Y = \beta_0 + \beta_1 X_1 + \beta_2 X_2 + \beta_3 X_3 + \beta_{11} X_1^2 + \beta_{22} X_2^2 + \beta_{33} X_3^2 + \beta_{12} X_1 X_2 + \beta_{13} X_1 X_3 + \beta_{23} X_2 X_3$$

式中：Y 是预测的毒素降解率；X_1、X_2、X_3 是自变量，分别对应枯草芽孢杆菌、产朊假丝酵母、干酪乳杆菌的体积；β_0 是截距；β_1、β_2 和 β_3 是线性系数；β_{11}、β_{22} 和 β_{33} 是平方系数；β_{12}、β_{23} 和 β_{13} 是交叉系数。

（2）两种毒素降解率测定与计算。

按照表 7-10 试验设计的三因素五水平响应面设计进行试验，24 h 后测定三种益生菌共培养降解 AFB_1 和 ZEA 的降解率，最后测得：

AFB_1 的降解率（%）= [（24 h 对照组测得的 AFB_1 的含量－24 h 测得的 AFB_1 的含量）/ 24 h 对照组测得的 AFB_1 的含量]×100%

ZEA 的降解率（%）= [（24 h 对照组测得的 ZEA 的含量－24 h 测得的 ZEA 的含量）/ 24 h 对照组测得的 ZEA 的含量]×100%

将试验结果输入 Design – Expert 软件进行分析，得出多元二次回归方程。根据两个响应值（AFB_1 的降解率和 ZEA 的降解率），分别得出两个线性回归方程，从而得出降解 AFB_1 和 ZEA 的最佳益生菌组合。

表 7-10　中心组合试验设计因素及编码水平表

因素	编码水平				
	-1.682	-1	0	1	1.682
X_1（枯草芽孢杆菌）/mL	0.16	0.5	1	1.5	1.84
X_2（产朊假丝酵母）/mL	0.16	0.5	1	1.5	1.84
X_3（干酪乳杆菌）/mL	0.16	0.5	1	1.5	1.84

（3）益生菌组合与降解 AFB_1 粗酶液配伍对 AFB_1 和 ZEA 降解的试验设计。

对 AFB_1 和 ZEA 的最优降解益生菌组合与降解 AFB_1 霉菌毒素降解粗酶液按表 7-11 的组合比例进行配伍，使反应体系的最终体积均为 10 mL。加入 AFB_1 和 ZEA 使其在体系中的最终质量浓度约为 40 μg/L 和 500 μg/L，将其置于 37 ℃恒温双层气浴振荡器中，180 r/min 振荡培养 24 h。以相同体积的灭菌生理盐水加同等剂量的 AFB_1 作为空白对照。每个组做三个重复。

表 7-11　益生菌组合与霉菌毒素降解粗酶液配伍对 AFB_1 和 ZEA 的降解的试验设计

分组	益生菌与粗酶液体积比	益生菌 /mL	粗酶液 /mL
空白对照	灭菌生理盐水	2.50	2.50
1	1 : 1	2.50	2.50
2	1 : 2	1.67	3.33
3	1 : 3	1.25	3.75
4	2 : 1	3.33	1.67

续表

分组	益生菌与粗酶液体积比	益生菌 /mL	粗酶液 /mL
5	2 : 3	2.00	3.00
6	3 : 1	3.75	1.25
7	3 : 2	3.00	2.00
8	1 : 0	5.00	0.00
9	0 : 1	0.00	5.00

（4）益生菌组合与粗酶液配伍对 AFB_1 和 ZEA 的降解上清液中 AFB_1 和 ZEA 测定。

培养液上清液中 AFB_1 和 ZEA 含量测定：将培养液混合均匀，用移液器吸取 1 mL，13 000 r/min 条件下离心 5 min，取离心后上清液用于 AFB_1 和 ZEA 含量测定，结果如表 7-12 所示。

表 7-12　三种益生菌对 AFB_1 和 ZEA 单独降解率

益生菌	AFB_1 降解率 /%	ZEA 降解率 /%
干酪乳杆菌	26.06 ± 2.52^b	19.05 ± 0.08^b
枯草芽孢杆菌	38.38 ± 4.24^a	42.18 ± 4.52^a
产朊假丝酵母	21.08 ± 0.12^c	40.69 ± 4.16^a

7.2.1.6　数据处理

试验数据采用 SPSS 20.0 软件进行 one - way ANOVA 单因素方差统计分析，利用 Duncan 进行多重比较，结果用平均值 ± 标准差表示，以 $P < 0.05$ 表示差异显著。

7.2.2　结果与分析

7.2.2.1　复合益生菌对 AFB_1 和 ZEA 两种毒素的降解效果

根据 Design Expert 8.0.6 软件中 Central Composite Design 试验设计，设计了 20 个试验点的响应面分析试验，对试验获得两种毒素降解率进行回归，建立响应面二次回归模型，寻求最优因素水平，试验结果与回归方程系数方差分析分别见表 7-13 和表 7-14。利用 Design Expert 8.0.6 对数据进行多元回归拟合，得出回归模型方程及方差分析结果如下：

$$Y（AFB_1）= -0.31 + 1.36X_1 + 0.41X_2 + 0.05X_3 - 0.60X_1^2 - 0.32X_2^2 - 0.21X_3^2 -$$
$$0.17X_1X_2 - 0.03X_1X_3 + 0.29X_2X_3$$
$$Y（ZEA）= -0.19 + 0.25X_1 + 0.82X_2 + 0.07X_3 - 0.22X_1^2 - 0.39X_2^2 - 0.04X_3^2 +$$
$$0.07X_1X_2 + 0.16X_1X_3 - 0.09X_2X_3$$

表 7-13　中心组合设计参数与 AFB$_1$ 和 ZEA 降解率

试验点	变量水平			降解率 /%			
	X_1	X_2	X_3	AFB$_1$		ZEA	
				试验结果	预测结果	试验结果	预测结果
1	1.00	1.00	1.00	42.30	47.00	45.20	44.00
2	0.50	0.50	1.50	7.10	11.00	29.50	28.00
3	0.50	1.50	1.50	15.60	21.00	22.90	22.00
4	1.50	0.50	1.50	9.30	14.00	34.40	35.00
5	1.50	1.50	0.50	6.60	4.90	25.10	27.00
6	1.84	1.00	1.00	2.20	1.00	34.50	30.00
7	1.00	1.00	1.00	52.50	47.00	42.20	44.00
8	1.00	1.00	0.16	33.50	41.00	35.10	36.00
9	1.00	1.00	1.00	42.50	47.00	42.20	44.00
10	0.50	0.50	0.50	37.10	34.00	28.90	25.00
11	0.16	1.00	1.00	9.10	7.70	21.30	25.00
12	1.00	1.00	1.00	47.20	47.00	39.90	44.00
13	1.00	0.16	1.00	33.70	34.00	11.80	14.00
14	1.50	0.50	0.50	43.60	40.00	15.50	17.00
15	1.00	1.00	1.84	42.40	47.00	46.90	46.00
16	1.50	1.50	1.50	2.60	7.50	32.70	33.00
17	1.00	1.84	1.00	16.60	14.00	20.60	18.00
18	1.00	1.00	1.00	45.50	47.00	43.60	44.00
19	0.50	1.50	0.50	18.10	16.00	28.70	28.00
20	1.00	1.00	1.00	49.90	47.00	43.60	44.00

表 7-14 响应面回归方程系数的方差分析

方差来源	AFB$_1$					ZEA				
	平方和	自由度	均方	F 值	P 值	平方和	自由度	均方	F 值	P 值
模型	5.50×10^{-1}	9	6.10×10^{-1}	16.6	<0.000 1	2.10×10^{-1}	9	2.30×10^{-1}	17.28	<0.000 1
X_1	5.50×10^{-3}	1	5.50×10^{-3}	1.49	0.250 4	2.90×10^{-3}	1	2.90×10^{-3}	2.2	0.168 9
X_2	5.00×10^{-2}	1	5.00×10^{-2}	13.64	0.004 2	1.85×10^{-3}	1	1.85×10^{-3}	1.4	0.263 5
X_3	3.70×10^{-2}	1	3.70×10^{-2}	9.98	0.010 2	1.20×10^{-2}	1	1.20×10^{-1}	9.4	0.011 9
X_1X_2	1.40×10^{-2}	1	1.40×10^{-2}	3.73	0.082 2	2.70×10^{-3}	1	2.70×10^{-3}	2.05	0.182 9
X_1X_3	4.21×10^{-4}	1	4.21×10^{-4}	0.11	0.742 8	1.30×10^{-2}	1	1.30×10^{-2}	9.52	0.011 5
X_2X_3	4.20×10^{-2}	1	4.20×10^{-2}	11.31	0.007 2	3.92×10^{-3}	1	3.92×10^{-3}	2.97	0.115 6
残差	3.70×10^{-1}	10	3.69×10^{-3}			1.30×10^{-2}	10	1.32×10^{-2}		
失拟项	2.90×10^{-2}	5	5.73×10^{-3}	3.45	0.1	8.47×10^{-3}	5	1.69×10^{-3}	1.79	0.268 3
纯误差	8.30×10^{-3}	5	1.66×10^{-3}			4.72×10^{-3}	5	9.44×10^{-4}		
总和	0.59	19				0.22	19			
R^2	0.937 3					0.939 6				
校正 R^2	0.880 8					0.885 2				
C.V./%	22.15					11.18				

对表 7-13 中的数据用 Design Expert 8.0.6 软件做回归分析，得到 AFB$_1$ 和 ZEA 降解率的预测值。由表 7-14 模型回归系数方差分析可知，试验建立的响应面回归模型分析结果 $P < 0.000\ 1$，表明该模型拟合度很好，能够很好地表示两种毒素降解率与三种益生菌之间的线性关系。方差分析中 R^2（AFB$_1$）= 0.937 3、R^2（ZEA）= 0.939 6、失拟项系数值 P（AFB$_1$）= 0.100 0、P（ZEA）= 0.268 3 均大于 0.05，表明该方程拟合度较好，模型预测结果比较准确，可以利用该模型对三种益生菌降解 AFB$_1$ 和 ZEA 效果进行分析和预测。图 7-4 和图 7-5 表示三种益生菌在降解 AFB$_1$ 和 ZEA 时两两的交互作用。

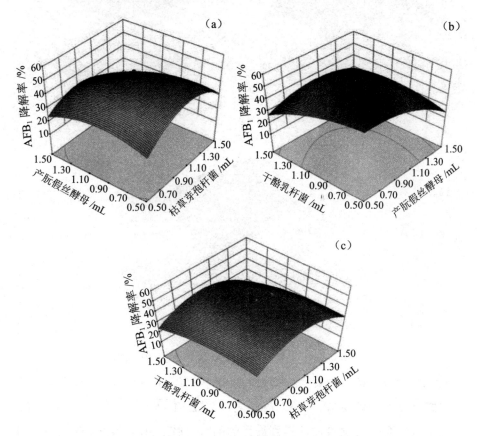

图 7-4　三种益生菌降解 AFB$_1$ 条件优化响应面图

（a）产朊假丝酵母与枯草芽孢杆菌降解 AFB$_1$ 的 3D 响应面图；　（b）产朊假丝酵母与干酪乳杆菌降解 AFB$_1$ 的 3D 响应面图；　（c）枯草芽孢杆菌与干酪乳杆菌降解 AFB$_1$ 的 3D 响应面图

图 7-4 和图 7-5 中产朊假丝酵母和干酪乳杆菌的接种量对 AFB$_1$ 降解率影响显著（$P < 0.05$）；同样地，枯草芽孢杆菌和干酪乳杆菌的接种量对 ZEA 降解

率影响显著（$P < 0.05$）；干酪乳杆菌对 AFB_1 降解率影响显著（$P < 0.05$）。这表明在本试验中考虑的三个因素对 AFB_1 和 ZEA 的同时降解具有交互作用。图 7-4 和图 7-5 中每个 3D 响应面图表示其中两种益生菌对响应值（ZEA 或 AFB_1 降解率）的影响，红色代表较高的降解率，绿色代表较低的降解率。

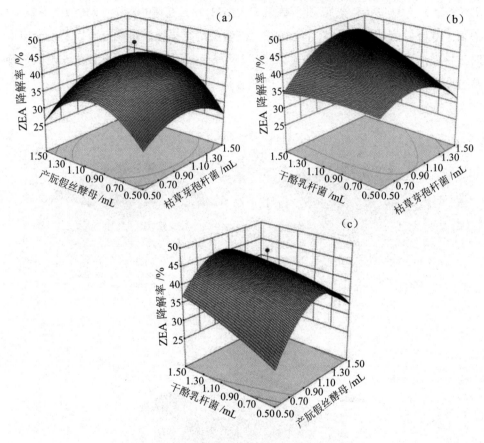

图 7-5　三种益生菌降解 ZEA 条件优化响应面图

（a）产朊假丝酵母与枯草芽孢杆菌降解 ZEA 的 3D 响应面图；（b）干酪乳杆菌与枯草芽孢杆菌降解 ZEA 的 3D 响应面图；（c）干酪乳杆菌与产朊假丝酵母降解 ZEA 的 3D 响应面图

　　应用响应面分析试验设计得到最优的同时降解 AFB_1 和 ZEA 的益生菌组合（枯草芽孢杆菌、产朊假丝酵母、干酪乳杆菌的体积比为 $1:1:1$），采用试验所得的最佳益生菌配比，37℃、180 r/min 恒温双层气浴振荡器培养 24 h，所得 AFB_1 降解率为 45.49%，ZEA 降解率为 44.90%，与预测值 47.00% 和 44.00% 接近，验证该模型能较好地预测实际值。

7.2.2.2　复合益生菌与霉菌毒素降解酶配伍对 AFB$_1$ 和 ZEA 两种毒素的降解效果

根据 7.2.2.1 得出降解 AFB$_1$ 和 ZEA 两种毒素的三种益生菌最佳配比为 1∶1∶1，以此配比作为与霉菌毒素降解酶配伍对 AFB$_1$ 和 ZEA 两种毒素降解效果的研究。

将益生菌组合与霉菌毒素降解酶按照表 7-15 的组合比例进行调配，使反应体系均为 10 mL，益生菌所用共同培养基为 MRS 培养基，加入 10 μL 500 mg/mL 的 ZEA 使其在体系中的最终质量浓度为 500 μg/L，加入 8 μL 50 mg/mL 的 AFB$_1$ 使其在体系中的最终质量浓度为 40 μg/L，将其置于 37 ℃恒温双层气浴振荡器中振荡培养 24 h，沸水浴 30 min 终止反应，以相同体积的灭菌生理盐水加 MRS 培养基为空白对照，每组做三个重复，测定各组 AFB$_1$ 和 ZEA 两种毒素降解率，按照 AFB$_1$ 和 ZEA 检测试剂盒操作步骤进行测定。

表 7-15　复合益生菌与降解 AFB$_1$ 和 ZEA 粗酶液配伍对两种毒素降解的试验结果

分组	益生菌与粗酶液体积比	益生菌 /mL	粗酶液 /mL	降解率 /%	
				AFB$_1$	ZEA
对照组	灭菌生理盐水	灭菌生理盐水 5 mL		—	—
1	1∶1	2.50	2.50	53.23±2.65[b]	37.36±0.21[g]
2	1∶2	1.67	3.33	45.88±9.29[bc]	55.28±0.14[d]
3	1∶3	1.25	3.75	40.58±1.97[c]	55.00±0.40[d]
4	2∶1	3.33	1.67	21.48±1.64[d]	48.27±0.20[e]
5	2∶3	2.00	3.00	20.69±7.22[d]	58.15±1.47[c]
6	3∶1	3.75	1.25	23.34±2.05[d]	43.21±1.45[f]
7	3∶2	3.00	2.00	63.95±0.63[a]	73.51±2.05[a]
8	1∶0	5.00	0.00	45.77±2.80[c]	61.64±0.37[b]
9	0∶1	0.00	5.00	67.52±5.42[a]	74.22±0.72[a]

复合益生菌与霉菌毒素降解酶组合降解 AFB$_1$ 和 ZEA 结果如表 7-15 所示，当复合益生菌与米曲霉组合为 3∶2 时，两种毒素的降解率达到最高，分别是 63.95% 和 73.51%，复合益生菌降解 AFB$_1$ 和 ZEA 的降解率分别提高了 40.58% 和 63.72%。

7.2.3　讨论

7.2.3.1　复合益生菌对 AFB$_1$ 和 ZEA 两种毒素的降解效果

据联合国粮食及农业组织统计，全世界每年约有 25% 的谷物受到霉菌毒素不同程度的污染，其中约有 2% 的农作物由于霉变而失去营养价值和经济价值，每年由此造成的经济损失可达数千亿美元。霉菌毒素对食物和粮食作物的污染往往是多种霉菌毒素的混合污染，其原因有三个：一是霉菌可能同时产生多种霉菌毒素；二是霉菌毒素也可能由多种霉菌产生；三是生产配合料的饲料原料来自受不同霉菌毒素污染的地区。目前已知的霉菌毒素有 300 多种，对人和动物危害相对严重的有 AFB$_1$、ZEA、DON、T–2 毒素、FUM 及 OTA 等。其中 AFB$_1$ 和 ZEA 是对人和动物危害最大、毒性最强、污染范围最广的两种毒素。在欧盟国家中，被检验饲料中大于 98% 的饲料样品被 AFB$_1$ 污染，约 70% 的饲料样品被 ZEA 污染。然而，目前国内外对霉菌毒素的联合作用特别是多种霉菌毒素的联合作用研究报道得不多。由于缺乏这方面的基础研究，国内外科学家在制定饲料卫生标准的过程中，对霉菌毒素的限量要求往往仅能考虑单一或一类霉菌毒素的危害，而不能顾忌到多种霉菌毒素混合污染带来的联合毒性，因此存在极大的安全隐患。针对霉菌毒素国内外这样的现状，如何有效地降低和消除霉菌毒素的污染成为众多学者关注的目标。

目前去降霉菌毒素的传统方法主要有如下两种。一种是物理方法（包括高温处理、射线处理、吸附和萃取等）。目前生产中采用较多的是向饲料中加入硅铝酸盐、膨润土、蒙脱石、活性炭等，但这类物质不仅能被动物吸收利用，而且还会吸附营养物质。另一种是化学方法，主要是通过酸碱溶液或其他化合物对霉菌毒素进行处理，如臭氧处理、氨化作用以及与食品级添加剂发生反应，这些方法已被证实在降解霉菌毒素污染方面是有效的，但是破坏了饲料的营养价值和适口性，成本较高，而且还易造成环境污染。因此，寻求一种安全有效的方法来同时去除食品和饲料原料中 AFB$_1$ 和 ZEA 显得尤为重要。考虑到霉菌毒素物理和化学解毒法的弊端，大量研究证实利用生物降解霉菌毒素是一种有效和安全的方法。在饲料中添加益生菌可以在降解霉菌毒素的同时改善动物肠道菌群结构。2002 年，FAO/WHO 定义益生菌指对人或动植物体有益的一类活性微生物的总称。1998 年，Nazami 首先在体外研究利用乳酸菌吸附作用去除霉菌毒素。已经报道的益生菌如乳酸菌、双歧杆菌、粪肠球菌和酵母都能够降解霉菌毒素。Swamy 等（2002）研究发现利用酵母细胞壁能够通过吸附作用去除霉菌毒素。Zuo 等

（2013）研究发现，干酪乳杆菌、芽孢杆菌和酵母按照体积比 2∶1∶2 进行配伍对霉菌生长和 AFB_1 降解具有显著作用。以上研究表明，AFB_1 的降解可能是通过益生菌自身产生的一种或多种酶或者吸附作用来实现的。从试验结果来看，本试验所选择的干酪乳杆菌、产朊假丝酵母和枯草芽孢杆菌经过配伍之后同时对 AFB_1 和 ZEA 的降解要优于单一菌对两种毒素的降解，这可能与菌株的协同作用和培养过程中益生菌自身产生的代谢产物有关。

7.2.3.2　复合益生菌与霉菌毒素降解酶配伍对 AFB_1 和 ZEA 两种毒素的降解效果

米曲霉通常被用于食品发酵，例如酱油、青酒、面酱及泡菜的制作，被 FDA/WHO 认定为一种安全微生物。食品经米曲霉发酵后几乎不含黄曲霉毒素。因此，猜测米曲霉能够抑制黄曲霉生长或降解黄曲霉毒素。左瑞雨等筛选到一株对 AFB_1 的降解率达到 77.05% 的米曲霉。Ahmad 等 2018 年研究发现一株来自韩国食物豆瓣酱中的米曲霉 M2040 能够显著抑制黄曲霉生长和 AFB_1 的产生，在 3 d 和 12 d 对 AFB_1 抑制率分别达到 98.8% 和 100%。Brodehl 等（2014）研究发现利用米曲霉能够使 ZEA 转变成其他代谢产物，降低了它的毒性。有研究指出，真菌菌丝可能产生一种或两种能够降解黄曲霉毒素的酶。使用霉菌毒素降解酶或微生物将霉菌毒素转化成无毒的代谢产物，是防止动物霉菌毒素中毒的有效方法。总之，通过生物转化方式防止霉菌毒素污染是一种安全有效的方法。本试验结合益生菌对动物生长和健康的有促进作用，利用复合益生菌和霉菌毒素降解酶配伍同时降解 AFB_1 和 ZEA 两种毒素，证明是一种有效的方法。参照我国饲料及饲料原料中对 AFB_1 和 ZEA 的限量标准试验设定 AFB_1 为 40 μg/kg，ZEA 为 500 μg/kg，为实际应用中能有效去除两种霉菌毒素及降低 AFB_1 和 ZEA 对动物的毒害作用奠定基础。

7.2.4　结论

利用响应面中心组合试验设计对三种益生菌进行组合条件进行优化，得出三种益生菌最佳组合比达到 1∶1∶1 时，AFB_1 和 ZEA 的降解率达到最高，分别为 45.49% 和 44.90%；之后再与米曲霉分泌的霉菌毒素降解酶按 3∶2 配伍，AFB_1 降解率达到 63.95%，比之前复合益生菌降解提高了 40.58%，ZEA 降解率达到 73.51%，比复合之前益生菌降解提高了 63.72%。试验结果表明利用复合益生菌和霉菌毒素降解酶配伍同时降解 AFB_1 和 ZEA 两种毒素是一种有效的方法，可以作为饲料添加剂应用于饲料中降解霉菌毒素。

7.3　霉菌毒素生物解毒剂对肉鸡生产性能和解毒效果的影响

7.3.1　材料与方法

7.3.1.1　菌种

枯草芽孢杆菌 K_4、干酪乳杆菌、产朊假丝酵母、黄曲霉，由本实验室分离保存。

7.3.1.2　试剂

同 7.2.1.1 。ZEA 纯品（武汉施瑞科技有限公司）。

7.3.1.3　试验仪器

冷冻离心机（上海安亭 DL－4000B 型）、冷冻干燥机（美国 Labconco FreeZone）、内毒素（ET）ELISA 试剂盒（上海谷研 GOY－E0837），其他同 7.2.1.2。

7.3.1.4　培养基

PDA 培养基：可溶性淀粉 6.0 g/L，葡萄糖 20.0 g/L，酵母浸粉 2.0 g/L，硫酸镁 0.3 g/L，蛋白胨 5.0 g/L，磷酸二氢钾 1.0 g/L，琼脂粉 15.0 g/L，用蒸馏水溶定容至 1 000 mL。在 121 ℃及 $1.034×10^5$ Pa 下高压蒸汽灭菌 20 min 后，倒入平皿，形成固体培养基。固体发酵培养基：玉米与水的体积比为 2∶1，搅拌均匀后按每瓶 80 g 分装于 250 mL 锥形瓶内，高压蒸汽灭菌 20 min 后备用。

7.3.1.5　益生菌的制备

按 7.2 试验得出的结果，在枯草芽孢杆菌 K_4、干酪乳杆菌、产朊假丝酵母液体培养后，使用冷冻干燥机制成冻干菌粉，其活菌数分别为 $3.0×10^{11}$ CFU/g、$5.6×10^{11}$ CFU/g、$6.5×10^{10}$ CFU/g，保存于 4 ℃备用。

7.3.1.6　含有 AFB_1 的发霉玉米的准备

从市场上购买一批自然霉变玉米，用于肉鸡的饲养试验，经测定 AFB_1 含量为 69 μg/kg，ZEA 含量为 60 μg/kg。为了调配肉鸡饲粮中 AFB_1 含量，在实验室培养了一批产 AFB_1 的黄曲霉。其培养流程如下：取活化过的黄曲霉孢子，将其涂布于 PDA 固体培养基，培养至孢子大量产生时收获（约 120 h）。在平板内加入适量高压灭菌的生理盐水（含 0.05% 的吐温 80），用高压过的涂布棒将平板上的孢子缓慢刮下，形成孢子浓度约为 $1×10^8$ CFU/mL 的黄曲霉孢子悬液。取粉碎后的玉米 80 g（过 8 目筛），装入 250 mL 锥形瓶内，加水 40 mL 搅拌均匀后，加棉塞高压蒸汽灭菌 20 min。待冷却后接种上述配制成的黄曲霉孢子悬液 2 mL，用高压灭菌玻璃棒搅拌均匀后置于 30 ℃恒温培养箱内，约 7 d 后收获。放室温晾干，5 ~ 6 d 后粉碎过 20 目筛，避光保存。测定 AFB_1 含量为 2 547 μg/kg，ZEA 含量为 5 μg/kg。

7.3.1.7　饲养试验设计及分组

选择 1 日龄健康且体重无差异的罗斯 308 肉鸡 400 只，分为 8 个处理组，每个处理组 5 个重复，每个重复 10 只。试验分为前期（1 ~ 21 d）和后期（22 ~ 42 d）两个阶段进行饲养。后期分组情况跟前期一样，要求健康及体重无差异。试验设计与分组如下：

A 组：为对照组，饲喂基础日粮（前期含 AFB_1 14.09 μg/kg、ZEA 57.29 μg/kg；后期含 AFB_1 14.45 μg/kg、ZEA 58.58 μg/kg）。

B 组：基础日粮 + 500 μg/kg ZEA（直接添加 ZEA 纯品，0.5 g/t）。

C 组：基础日粮 + 50 μg/kg AFB_1（用自然霉变玉米充当饲料配方中的玉米，再加少量的实验室产的黄曲霉，使 AFB_1 最终含量为 0.05 g/t）。

D 组：基础日粮 +50 μg/kg AFB_1 + 500 μg/kg ZEA（用自然霉变玉米充当饲料配方中的玉米，再加少量的实验室产的黄曲霉和纯品 ZEA，使 AFB_1 最终含量为 0.05 g/t，ZEA 最终含量为 0.5 g/t）。

E 组：基础日粮 + 500 μg/kg ZEA+ 复合益生菌组合 1（枯草芽孢杆菌 K_4、干酪乳杆菌、产朊假丝酵母在降解 ZEA 的饲粮中终含量分别为：$1×10^7$ CFU/g、$1×10^5$ CFU/g、$1×10^6$ CFU/g，枯草芽孢杆菌 K_4 添加 33.38 g/t，干酪乳杆菌添加 0.19 g/t，产朊假丝酵母添加 15.38 g/t）。

F 组：基础日粮 + 50 μg/kg AFB_1+ 复合益生菌组合 2（枯草芽孢杆菌 K_4、干酪乳杆菌、产朊假丝酵母在降解 AFB_1 的饲粮中终含量分别为：$1×10^6$ CFU/g、$1×10^7$ CFU/g、$1×10^7$ CFU/g，枯草芽孢杆菌 K_4 添加 3.38 g/t，干酪乳杆菌添加 17.88 g/t，产朊假丝酵母添加 153.88 g/t）。

G 组：基础日粮 + 50 μg/kg AFB_1 + 500 μg/kg ZEA+ 复合益生菌组合 3（枯草芽孢杆菌 K_4、干酪乳杆菌、产朊假丝酵母在降解 AFB_1 + ZEA 的饲粮中终含量分别为：$1×10^7$ CFU/g、$1×10^6$ CFU/g、$1×10^7$ CFU/g，枯草芽孢杆菌 K_4 添加 33.38 g/t，干酪乳杆菌添加 1.88 g/t，产朊假丝酵母添加 153.88 g/t）。

H 组：基础日粮 + 50 μg/kg AFB_1 + 500 μg/kg ZEA+ 复合益生菌组合 3+ 霉菌毒素降解酶（1 kg/t）。

其中，霉菌毒素降解酶由河南德邻生物制品有限公司提供，降解 AFB_1 的酶活单位为 2 000 U/g，降解 ZEA 的酶活单位为 18 000 U/g。

7.3.1.8 饲养管理

试验地点在河南省许昌市河南农业大学试验基地进行，罗斯 308 肉鸡苗从周口大用鸡苗厂购得。多层笼养，24 h 光照，自由采食和饮水，自然通风，免疫程序为：7 日龄接种鸡新城疫、传染性支气管炎二联疫苗，21 日龄接种新城疫活疫苗。每天 7:30 和 18:30 定时饲喂试验日粮，自由饮水。

7.3.1.9 试验日粮

基础日粮按照美国国家研究委员会饲料标准（1994）中的肉仔鸡饲养标准配制。用自然霉变玉米及少量的实验室发酵的霉变玉米替代基础日粮的正常玉米，使日粮中 AFB_1 含量与试验设计的 AFB_1 含量相同，ZEA 直接用纯品添加。添加益生菌干粉使饲粮中的活菌数达到 7.2 试验得出的结果。枯草芽孢杆菌 K_4、干酪乳杆菌、产朊假丝酵母在降解 ZEA 的饲粮中含量分别为 1×10^7 CFU/g、1×10^5 CFU/g、1×10^6 CFU/g（复合益生菌组合 1）；在降解 AFB_1 的饲粮中含量分别为：1×10^6 CFU/g、1×10^7 CFU/g、1×10^7 CFU/g（复合益生菌组合 2）；在降解 AFB_1 + ZEA 的饲粮中含量分别为 1×10^7 CFU/g、1×10^6 CFU/g、1×10^7 CFU/g（复合益生菌组合 3）。试验日粮分为前期（1～21 d）和后期（22～42 d）两种日粮，前后阶段饲料单独配制，饲料日粮为粉状。日粮的组成及营养水平见表 7-16 和表 7-17。

表 7-16 肉鸡前期（1～21 d）日粮的组成及营养水平（%，风干基础）

原料	A 组	B 组	C 组	D 组	E 组	F 组	G 组	H 组
玉米	58	58	0	0	58	0	0	0
豆粕	33	33	33	33	33	33	33	33
霉变玉米	0	0	58	58	0	58	58	58
鱼粉	2	2	2	2	2	2	2	2
豆油	3	3	3	3	3	3	3	3
石粉	1.4	1.4	1.4	1.4	1.4	1.4	1.4	1.4
磷酸氢钙	1.4	1.4	1.4	1.4	1.4	1.4	1.4	1.4
甲硫氨酸	0.1	0.1	0.1	0.1	0.1	0.1	0.1	0.1
食盐	0.3	0.3	0.3	0.3	0.3	0.3	0.3	0.3

续表

原料	A 组	B 组	C 组	D 组	E 组	F 组	G 组	H 组
麦麸	0.5	0.5	0.5	0.5	0.5	0.5	0.5	0.5
氯化胆碱	0.1	0.1	0.1	0.1	0.1	0.1	0.1	0.1
预混料	0.2	0.2	0.2	0.2	0.2	0.2	0.2	0.2
总计	100	100	100	100	100	100	100	100

营养水平

代谢能 / (MJ·kg^{-1})	12.47	12.47	12.47	12.47	12.47	12.47	12.47	12.47
粗蛋白 CP	22.34	22.33	22.35	22.41	22.44	22.57	22.85	22.36
粗脂肪 EE	5.68	5.75	5.70	5.73	5.72	5.71	5.72	5.70
钙 Ca	0.98	1.03	1.03	0.99	1.00	1.03	1.01	1.01
总磷 TP	0.46	0.51	0.47	0.49	0.49	0.48	0.50	0.50
有效磷 AP	0.21	0.24	0.21	0.22	0.22	0.22	0.23	0.23
赖氨酸 Lys	1.12	1.12	1.12	1.12	1.12	1.12	1.12	1.12
甲硫氨酸 Met	0.33	0.33	0.33	0.33	0.33	0.33	0.33	0.33

注：预混料包括（每千克全价料中计）：维生素 A 12 000 IU；维生素 D_3 3000 IU；维生素 E 20 IU；维生素 K_3 1.0 mg；维生素 B_1 2.0 mg；维生素 B_6 3.5 mg；维生素 B_{12} 0.01 mg；铜 8 mg；铁 100 mg；锰 80 mg；锌 60 mg；碘 0.45 mg；硒 0.35 mg；生物素 0.15 mg；叶酸 1.25 mg；核黄素 6 mg；烟酸（尼克酸）35 mg；泛酸钙 10 mg。粗蛋白、钙、总磷含量为测定值，其余为计算值，下同。

表 7-17 肉鸡后期（22～42 d）日粮的组成及营养水平（%，风干基础）

原料	A 组	B 组	C 组	D 组	E 组	F 组	G 组	H 组
玉米	65	65	0	0	65	0	0	0
豆粕	27	27	27	27	27	27	27	27
霉变玉米	0	0	65	65	0	65	65	65
鱼粉	1	1	1	1	1	1	1	1
豆油	3	3	3	3	3	3	3	3
石粉	1.3	1.3	1.3	1.3	1.3	1.3	1.3	1.3
磷酸氢钙	1.4	1.4	1.4	1.4	1.4	1.4	1.4	1.4

续表

原料	A 组	B 组	C 组	D 组	E 组	F 组	G 组	H 组
甲硫氨酸	0.1	0.1	0.1	0.1	0.1	0.1	0.1	0.1
食盐	0.3	0.3	0.3	0.3	0.3	0.3	0.3	0.3
麦麸	0.6	0.6	0.6	0.6	0.6	0.6	0.6	0.6
氯化胆碱	0.1	0.1	0.1	0.1	0.1	0.1	0.1	0.1
预混料	0.2	0.2	0.2	0.2	0.2	0.2	0.2	0.2
总计	100	100	100	100	100	100	100	100
营养水平								
代谢能 /(MJ·kg^{-1})	12.70	12.70	12.70	12.70	12.70	12.70	12.70	12.70
粗蛋白 CP	19.11	19.60	19.25	19.66	19.58	19.70	19.19	19.26
粗脂肪 EE	5.51	5.50	5.49	5.39	5.47	5.46	5.50	5.50
钙 Ca	1.01	1.01	1.03	1.03	1.01	1.03	1.03	1.03
总磷 TP	0.42	0.46	0.43	0.45	0.45	0.44	0.45	0.46
有效磷 AP	0.16	0.18	0.17	0.18	0.18	0.18	0.18	0.19
赖氨酸 Lys	0.93	0.93	0.93	0.93	0.93	0.93	0.93	0.93
甲硫氨酸 Met	0.30	0.30	0.30	0.30	0.30	0.30	0.30	0.30

7.3.1.10　测定指标及方法

（1）生长性能测定。

记录每天的采食量，回收抛洒料；观察记录肉鸡的健康状况、死亡情况以及腹泻情况。分别于 21 d 和 42 d 空腹 12 h 称重，计算每个重复鸡的平均日增重（ADG）、平均日采食量（ADFI），并计算饲料转化率（F/G）、腹泻率和死亡率。死亡率 = 死亡数 / 鸡总数，腹泻率 = 总腹泻天数 /（鸡只总数 × 试验天数）。

（2）代谢试验及相关指标测定。

采用全收粪法，在鸡笼下设粪盘套黑色垃圾袋，收集 17 ~ 19 d 和 37 ~ 39 d 的排泄物，及时拣出皮屑、羽毛和饲料等杂物。每天的排泄物混匀，滴加 10% 硫酸以固定氮，冻于 -20 ℃冰箱中，试验结束后混匀 3 d 收集的排泄物，称重、取样，记录总粪重和取样重。在 60 ~ 65 ℃烘干，自然状态下充分回潮 24 h，称重记录，粉碎后过 40 目筛备用。

饲料和粪样中的粗蛋白质测定采用《饲料中粗蛋白测定方法》（GB/T 6432—2018）；粗脂肪测定采用《饲料中粗脂肪的测定》（GB/T 6433—2006）；钙测定采用乙二胺四乙酸二钠络合滴定法；磷测定采用《饲料中总磷的测定　分光光度法》（GB/T 6437—2002）。饲料和样品中的两种毒素含量按照拜发试剂盒步骤测定。

（3）肉鸡器官指数和长度的测定。

在 42 d 时，各组共取 6 只鸡，雌雄各半，进行屠宰并进行器官指数的测定。称量宰前活重，胸肌重，肌胃、心脏、肝脏、胰腺、脾的质量。器官指数 = 器官质量 / 鸡只活体重。用尺子测量肠道各部位的长度，肠道的相对长度 = 肠道长度 / 活体重。

（4）血液生化指标以及血清中内毒素含量的测定。

在 42 d 屠宰试验时，从每个重复中分别选择一只接近平均体重的鸡颈动脉采血，每只采血 5 mL，3 000 r/min 离心 10 min，取血清，使用血液生化半自动分析仪测定葡萄糖、尿素、甘油三酯、高密度脂蛋白、总胆固醇、低密度脂蛋白、谷丙转氨酶、谷草转氨酶、碱性磷酸酶、总蛋白、白蛋白、球蛋白。血清中内毒素（ET）含量按照上海谷研 ET ELISA 试剂盒检测。

（5）血清、肝脏、胸肌、粪便及小肠中 AFB_1 和 ZEA 含量测定及消减规律。

在 42 d 屠宰试验时，取 8 个处理组肉鸡的肝脏、胸肌、小肠相同部位的组织样品，以及血清、粪便，测定每组这五个样品中的 AFB_1 与 ZEA 的含量，此时作为两种毒素在肉鸡体内代谢 0 h 的含量。之后，所有处理组均换对照组基础日粮饲喂 7 d，在 1 d、3 d、5 d 及 7 d 时从 A、D、G 三组中每组屠宰 3 只鸡，测定血清、肝脏、胸肌以及粪便中两种毒素含量。通过测定不同时间内两种毒素在肉鸡不同组织器官内的含量变化，以观察两种毒素在体内的代谢情况及消减规律。

7.3.2　结果与分析

7.3.2.1　日粮中添加霉菌毒素生物解毒剂对肉鸡生长性能的影响

由表 7-18 可知，在肉鸡试验前期，添加复合益生菌的 E、F、G 和 H 四个组肉鸡的日采食量、日增重和饲料转化效率均显著优于所对应的含有霉菌毒素的 B、C 和 D 组（$P < 0.05$）。C 和 D 组腹泻率最高（$P < 0.05$），其次为 F、G 和 H 组，表明益生菌有缓解腹泻的功效。B 和 C 组死亡率最高，其次为 D 和 H 组。集中

反映在 C 组的腹泻率和死亡率皆为最高，这主要是由 AFB_1 的强毒性所致，但添加益生菌后（F 组）得到明显改善。由表 7-19 可知，在试验后期，添加有益生菌的 E、F、G、H 组肉鸡的日采食量显著地高于 C 和 D 组（$P < 0.05$）；C 和 D 组的日增重和饲料转化效率最低（$P < 0.05$），腹泻率和死亡率最高（$P < 0.05$）。

表 7-18　日粮中添加霉菌毒素生物解毒剂对 0 ～ 21 d 肉鸡生长性能的影响

组别	初重 /g	末重 /g	平均日增重/g	平均日采食量/g	料重比	腹泻率 /%	死亡率 /%
A	50.55±0.46	561.65±6.79[d]	24.34±0.34[d]	42.40±0.04[d]	1.74±0.02[ab]	2.92±0.22[d]	0%
B	50.54±0.38	585.97±5.91[b]	25.50±0.28[b]	44.98±0.01[b]	1.76±0.02[a]	2.90±0.40[d]	4%
C	50.55±0.21	546.74±1.82[e]	23.63±0.08[e]	41.34±0.07[e]	1.75±0.01[a]	5.83±0.67[a]	4%
D	50.33±0.16	570.25±7.77[c]	24.76±0.37[c]	42.41±0.01[d]	1.71±0.02[c]	5.22±0.56[b]	2%
E	50.67±0.15	618.58±3.51[a]	27.04±0.17[a]	46.50±0.03[a]	1.72±0.01[bc]	3.26±0.27[d]	0%
F	50.73±0.18	572.41±5.97[c]	24.84±0.28[c]	42.49±0.02[d]	1.71±0.02[c]	4.47±0.25[c]	0%
G	50.32±0.24	577.48±5.68[c]	25.10±0.28[c]	43.84±0.02[c]	1.75±0.02[a]	4.51±0.26[c]	0%
H	50.32±0.24	590.72±5.91[c]	25.72±0.28[b]	44.86±0.05[b]	1.74±0.01[a]	4.32±0.13[c]	2%

表 7-19　日粮中添加霉菌毒素生物解毒剂对 22 ～ 42 d 肉鸡生长性能的影响

组别	初重 /g	末重 /g	平均日增重/g	平均日采食量/g	料重比	腹泻率 /%	死亡率 /%
A	560.00±9.35	1 723.00±61.81[ab]	55.38±2.60[a]	116.58±2.93[ab]	2.11±0.06[ab]	2.29±0.22[d]	2%
B	568.00±7.58	1 741.00±66.65[a]	55.86±3.15[a]	116.48±7.26[ab]	2.09±0.06[b]	2.60±0.37[d]	0%
C	564.00±8.22	1 644.00±55.27[b]	51.43±2.28[b]	112.20±5.97[b]	2.18±0.05[a]	3.83±0.52[a]	8%
D	566.00±12.45	1 645.00±95.07[b]	51.38±4.31[b]	109.94±9.01[b]	2.14±0.04[ab]	3.86±0.42[a]	4%
E	568.00±10.37	1 777.00±72.33[a]	57.57±3.17[a]	122.44±6.68[a]	2.13±0.02[ab]	2.70±0.27[cd]	0%
F	570.00±6.12	1 770.00±28.28[a]	57.14±1.50[a]	121.06±4.76[a]	2.12±0.03[ab]	3.07±0.26[bc]	0%
G	557.00±5.70	1 788.00±61.60[a]	58.62±3.13[a]	124.72±5.36[a]	2.13±0.05[ab]	3.47±0.30[ab]	0%
H	567.00±9.08	1 806.00±35.78[a]	59.00±1.56[a]	124.70±5.64[a]	2.11±0.08[ab]	3.32±0.27[b]	0%

7.3.2.2　日粮中添加霉菌毒素生物解毒剂对肉鸡营养物质代谢率的影响

由表 7-20 可知，在肉鸡饲养试验前期，蛋白质代谢率由高到低的顺序为 B、E、

H组＞A、D、G组＞D、F组＞C组（$P < 0.05$），以C组最低。试验各组的
粗脂肪、钙和磷的代谢率无显著差异（$P > 0.05$）。

　　由表7-21可知，在肉鸡饲养试验后期，蛋白质代谢率由高到低的顺序为：B、
E组＞G、H组＞A组＞D、F组＞C组（$P < 0.05$），仍以C组最低；粗脂肪
代谢率B组最高（$P < 0.05$），其他各组间差异不显著（$P > 0.05$）；E组钙代
谢率显著高于C组（$P < 0.05$），其他各组间差异不显著（$P > 0.05$）；磷代
谢率各组间无显著差异（$P > 0.05$）。

表 7-20　日粮中添加霉菌毒素生物解毒剂对 0～21 d 肉鸡养分代谢率的影响

组别	粗蛋白 /%	粗脂肪 /%	钙 /%	磷 /%
A	57.65±0.54[b]	87.87±0.57	38.22±1.92	46.22±2.12
B	59.85±0.31[a]	81.96±0.40	39.05±1.14	46.27±1.42
C	53.13±1.63[d]	82.18±0.17	38.00±0.13	44.42±1.03
D	56.63±0.34[bc]	81.79±0.51	38.32±0.75	44.09±3.30
E	60.46±0.36[a]	82.23±0.22	38.78±0.48	45.72±0.73
F	56.13±0.81[c]	82.48±0.15	38.07±0.70	45.18±2.10
G	57.94±0.59[b]	82.20±0.87	38.73±0.96	45.28±1.01
H	59.58±0.60[a]	82.57±0.11	38.91±0.75	45.74±1.11

表 7-21　日粮中添加霉菌毒素生物解毒剂对 22～42 d 肉鸡养分代谢率的影响

组别	粗蛋白 /%	粗脂肪 /%	钙 /%	磷 /%
A	53.67±0.68[cd]	73.67±0.01[b]	30.40±0.83[ab]	39.24±0.50
B	55.17±0.75[ab]	74.30±0.60[a]	31.27±0.41[ab]	39.76±0.31
C	50.38±0.80[e]	73.51±0.45[b]	30.05±1.65[b]	39.52±0.77
D	52.65±0.52[d]	73.24±0.11[b]	30.16±0.26[ab]	39.16±0.96
E	56.39±1.22[a]	73.78±0.29[b]	31.87±0.88[a]	40.26±0.66
F	52.82±0.61[d]	73.62±0.06[b]	30.87±0.72[ab]	40.47±0.85
G	54.02±0.81[bcd]	73.32±0.20[b]	31.04±0.19[ab]	40.36±1.16
H	54.78±0.47[bc]	73.75±0.11[b]	31.39±1.30[ab]	40.65±0.66

7.3.2.3 日粮中添加霉菌毒素生物解毒剂对 42 d 肉鸡器官指数和肠道相对 长度的影响

由表 7-22 可知，添加益生菌的 E、F 和 G 组的肝脏相对质量明显高于其他组（$P < 0.05$），E 和 G 组脾脏相对质量显著地高于其他组（$P < 0.05$），添加 ZEA 的 B 组胸肌相对质量明显高于其他组（$P < 0.05$），试验各组的心脏、肌胃无显著差异（$P > 0.05$）。G 组的小肠相对长度显著地大于 F 组（$P < 0.05$），G 组的大肠相对长度显著地大于 D、E、H 组（$P < 0.05$），其余各组间差异不显著（$P > 0.05$）。

表 7-22 日粮中添加霉菌毒素生物解毒剂对肉鸡器官指数和相对长度的影响（$n = 6$）

组别	心脏	肝脏	脾脏	肌胃	胸肌	小肠	大肠
A	0.54±0.04	1.89±0.14[b]	0.13±0.04[b]	2.06±0.26	17.83±1.89[b]	5.47±0.56[ab]	4.31±0.15[ab]
B	0.53±0.04	1.86±0.13[b]	0.14±0.05[b]	1.71±0.28	20.13±1.50[a]	5.43±0.55[ab]	4.12±0.39[ab]
C	0.53±0.05	1.93±0.20[b]	0.12±0.05[b]	1.74±0.29	17.46±0.59[b]	5.88±0.44[ab]	4.37±0.27[ab]
D	0.53±0.05	1.83±0.18[b]	0.11±0.04[b]	2.11±0.33	19.09±0.77[ab]	5.53±0.58[ab]	3.96±0.46[b]
E	0.53±0.06	2.37±0.25[a]	0.19±0.04[a]	1.98±0.34	17.66±1.23[b]	5.43±0.49[ab]	4.00±0.45[b]
F	0.51±0.06	2.24±0.20[a]	0.11±0.03[b]	1.99±0.42	17.91±1.22[b]	5.19±0.19[b]	4.13±0.47[ab]
G	0.48±0.04	2.43±0.17[a]	0.20±0.04[a]	1.71±0.35	17.69±1.04[b]	6.11±0.83[a]	4.56±0.34[a]
H	0.49±0.03	1.94±0.93[b]	0.11±0.01[b]	1.83±0.24	17.89±0.23[b]	5.51±0.46[ab]	3.93±0.21[b]

7.3.2.4 血清生化指标及内毒素含量的变化

从表 7-23 可知，血清内毒素含量的变化趋势为 B、C 组＞A、D、G、H 组＞E 组＞F 组（$P < 0.05$），以添加益生菌的 E 和 F 组最低，由此可知益生菌有降低内毒素方面的功效。

表 7-23 日粮中添加霉菌毒素生物解毒剂对肉鸡血清内毒素含量的影响（$n = 3$）

组别	内毒素含量 /EU
A	2 011.28±56.87[bc]
B	2 385.89±158.46[a]
C	2 339.74±34.47[a]
D	2 144.87±46.21[b]

续表

组别	内毒素含量 /EU
E	1 900.00±67.61[cd]
F	1 827.13±68.82[d]
G	2 043.59±42.37[b]
H	2 014.04±4.72[bc]

由表 7-24 可知，G 组血清中谷丙转氨酶、总蛋白、白蛋白和甘油三酯含量显著高于 A 和 D 组（$P < 0.05$）；而 G 组血清中碱性磷酸酶却显著低于 D 组（$P < 0.05$），但高于 A 组（$P < 0.05$），说明复合益生菌具有减轻霉菌毒素的危害及保护组织细胞免受损伤的功能。

表 7-24　日粮中添加霉菌毒素生物解毒剂对肉鸡血清生化指标的影响（$n = 3$）

项目	A 组	D 组	G 组
谷丙转氨酶 ALT /（U·L^{-1}）	1.47±0.15[b]	2.00±0.50[b]	2.70±0.20[a]
谷草转氨酶 AST /（U·L^{-1}）	286.33±41.77	290.97±14.37	319.83±20.92
谷草转氨酶 / 谷丙转氨酶 （AST/ALT）	132.67±1.15	128.73±8.60	125.79±13.04
碱性磷酸酶 ALP /（U·L^{-1}）	2 421.67±358.46[c]	7 387.67±661.67[a]	5 086.67±443.59[b]
总蛋白 TP /（g·L^{-1}）	31.50±3.14[b]	31.87±3.19[b]	43.60±8.84[a]
白蛋白 ALB /（g·L^{-1}）	11.63±0.67[b]	11.77±0.32[b]	13.33±0.65[a]
球蛋白 GLB /（g·L^{-1}）	19.87±2.55	20.1±3.29	30.27±8.41
白蛋白 / 球蛋白 （A/G）	0.57±0.06	0.57±0.12	0.47±0.12
尿素 UREA /（mmol·L^{-1}）	0.65±0.06	0.70±0.14	0.72±0.06
葡萄糖 GLU /（mmol·L^{-1}）	7.65±1.62	7.74±2.96	7.46±2.55
总胆固醇 CHOL /（mmol·L^{-1}）	3.03±0.20	3.50±0.68	3.94±0.42
甘油三酯 TG /（mmol·L^{-1}）	0.50±0.07[b]	0.53±0.06[b]	0.73±0.05[a]
高密度脂蛋白 HDLD /（mmol·L^{-1}）	2.18±0.20	2.43±0.25	2.60±0.30
低密度脂蛋白 LDLD /（mmol·L^{-1}）	0.61±0.10	0.82±0.34	0.99±0.17

7.3.2.5 肉鸡组织器官中 AFB$_1$ 和 ZEA 残留量的测定

表 7-25 结果表明，AFB$_1$ 含量在各组织中的变化趋势（$P < 0.05$）为：血清中，C、D、F 组＞A、B、E、G 组＞H 组；粪便中，D、G、H 组＞C、F 组＞A、B、E 组；肝脏中，C、D 组＞F、G、H 组＞A、B、E 组；胸肌中，C、D、H 组＞F、G 组＞A、B、E 组；小肠中，C、D 组＞F、G、H 组＞A、B、E 组。

由此可知，对照组 A 及未添加 AFB$_1$ 的 B 和 E 组中各个组织样品检测到 AFB$_1$ 的含量均显著低于其他大多数组（$P < 0.05$）；而日粮中添加有 AFB$_1$ 的 C 和 D 组各组织中的 AFB$_1$ 含量显著地高于其他大多数组（$P < 0.05$）。除添加益生菌的 G 和 H 组粪便中 AFB$_1$ 含量较高外，添加益生菌各组的组织中 AFB$_1$ 的含量均有所下降（$P < 0.05$），充分说明益生菌具有降解及吸附和排泄 AFB$_1$ 的功能。

表 7-25　肉鸡各组织器官中 AFB1 含量（$n = 3$）

组别	血清 / (μg·kg⁻¹)	粪便 / (μg·kg⁻¹)	肝脏 / (μg·kg⁻¹)	胸肌 / (μg·kg⁻¹)	小肠 / (μg·kg⁻¹)
A	1.81±0.27^{bc}	2.30±0.26^{d}	1.14±0.37^{c}	0.91±0.11^{c}	1.12±0.26^{d}
B	1.83±0.15^{bc}	2.36±0.08^{d}	1.13±0.12^{c}	0.80±0.04^{c}	1.12±0.12^{d}
C	2.85±0.39^{a}	10.01±0.63^{bc}	9.50±0.46^{a}	3.05±0.09^{ab}	7.38±0.66^{ab}
D	2.45±0.89^{ab}	10.93±0.65^{ab}	9.13±0.44^{ab}	3.29±0.19^{a}	7.96±0.40^{a}
E	1.76±0.10^{bc}	2.32±0.20^{d}	1.22±0.16^{c}	0.99±0.11^{c}	1.22±0.19^{d}
F	2.20±0.43^{abc}	9.14±0.64^{c}	8.86±0.19^{b}	3.03±0.17^{b}	6.69±0.46^{c}
G	1.71±0.23^{bc}	11.07±0.97^{ab}	8.85±0.11^{b}	3.02±0.15^{b}	7.02±0.15^{bc}
H	1.60±0.08^{c}	11.42±0.84^{a}	8.61±0.38^{b}	3.06±0.18^{ab}	7.06±0.18^{bc}

ZEA 残留如表 7-26 所示，试验各组的胸肌样品中均未检测到 ZEA 含量；B、D、G 组血清中 ZEA 含量最高，其中 D 组＞B 组＞G 组（$P < 0.05$），其余各组的血清中也未检测到 ZEA 含量。日粮中含有 ZEA 的 H 组肉鸡血清中也未检测到 ZEA 含量，充分说明 H 组所添加的霉菌毒素降解酶对 ZEA 具有很好的降解功效。ZEA 含量在其他各组织中的变化趋势（$P < 0.05$）为：粪便中，B、D 组＞E、G 组＞H 组＞C、F 组＞A 组；肝脏中，D 组＞B、G、H 组＞E 组＞A、C、F 组；小肠中，D 组＞B、E 组＞G、H 组＞C、F 组＞A 组。

表 7-26　肉鸡各组织器官中 ZEA 含量（$n=3$）

组别	血清 / (µg·kg⁻¹)	粪便 / (µg·kg⁻¹)	肝脏 / (µg·kg⁻¹)	胸肌 / (µg·kg⁻¹)	小肠 / (µg·kg⁻¹)
A	—	38.75±3.07ᵉ	3.68±0.31ᵈ	—	1.88±0.57ᵉ
B	8.72±0.51ᵇ	178.97±7.09ᵃ	8.72±0.51ᵇᶜ	—	20.60±0.66ᵇ
C	—	62.00±1.35ᵈ	3.52±0.35ᵈ	—	3.70±0.43ᵈ
D	10.35±0.24ᵃ	174.06±5.70ᵃ	12.78±1.97ᵃ	—	22.97±2.31ᵃ
E		130.40±9.90ᵇᶜ	7.92±0.29ᶜ		19.80±0.50ᵇ
F		61.67±0.48ᵈ	3.78±0.14ᵈ		3.58±0.40ᵈ
G	8.15±0.49ᶜ	131.85±8.38ᵇ	9.59±0.60ᵇ		12.59±0.60ᶜ
H		119.59±8.70ᶜ	9.17±0.79ᵇᶜ		12.09±0.50ᶜ

　　由此可知，对照组 A 及未添加 ZEA 的 C 和 F 组粪便、肝脏和小肠中 ZEA 含量均显著低于其他大多数组（$P < 0.05$），而含有 ZEA 的 B 和 D 组粪便、肝脏和小肠中 ZEA 含量均显著高于其他大多数组（$P < 0.05$）。添加益生菌各组不同组织中的 ZEA 含量都明显降低（$P < 0.05$），说明益生菌在降解 ZEA 方面是有效的。

7.3.2.6　AFB₁ 和 ZEA 在肉鸡体内的消解和代谢规律

　　由表 7-27 可知，A、D 和 G 组肉鸡血清中 AFB₁ 含量在 0～5 d 的排毒试验中皆差异不显著（$P > 0.05$），其变化趋势为 D 组＞ G 组＞ A 组；但在第 7 天三个组显著下降（$P < 0.05$），其中 A 和 G 组血清中未检出 AFB₁ 含量，说明益生菌在消除 AFB₁ 危害方面是有效的。D 和 G 组肉鸡的粪便、肝脏和胸肌组织中的 AFB₁ 含量始终高于 A 组（$P < 0.05$），随着排毒时间的延长粪便和组织中 AFB₁ 含量逐渐降低，大多数以第 7 天最低（$P < 0.05$），其变化趋势也为：D 组＞ G 组＞ A 组；其中 G 组粪便中 AFB₁ 含量从第 5 天起明显低于 D 组（$P < 0.05$），说明益生菌可有效地降解 AFB₁。

　　由表 7-28 可知，各组胸肌中 ZEA 残留量未检出，A 组血清中 ZEA 也几乎检不出。A、D 和 G 组三组在肝脏、血清以及粪便中 ZEA 含量的其变化趋势为：D 组＞ G 组＞ A 组（$P < 0.05$），皆以第 7 天最低（$P < 0.05$），其中 A 组粪便中 ZEA 含量在 7 d 内无显著变化（$P > 0.05$）。

表 7-27　不同时间 AFB$_1$ 在肉鸡体内代谢的情况（$n = 3$）

项目	0 d	1 d	3 d	5 d	7 d
A 肝脏 / (μg·kg^{-1})	1.13±0.37^{Bb}	1.37±0.38^{Bb}	2.19±0.48^{Ab}	1.35±0.44^{Bb}	1.15±0.17^{Bb}
D 肝脏 / (μg·kg^{-1})	9.13±0.44^{Aa}	9.15±0.10^{Aa}	8.23±0.06^{Ba}	9.04±0.14^{Aa}	8.28±0.13^{Ba}
G 肝脏 / (μg·kg^{-1})	8.85±0.11^{Aa}	8.84±0.31^{Aa}	8.52±0.44^{ABa}	8.65±0.13^{Aa}	8.10±0.11^{Ba}
A 胸肌 / (μg·kg^{-1})	0.91±0.11^{Bb}	1.37±0.38^{Bb}	2.19±0.48^{Ab}	1.35±0.44^{Bb}	1.15±0.17^{Bc}
D 胸肌 / (μg·kg^{-1})	3.29±0.19^{ABa}	3.15±0.10^{ABa}	3.23±0.06^{ABa}	3.70±0.47^{Aa}	3.08±0.44^{Ba}
G 胸肌 / (μg·kg^{-1})	3.02±0.15^{Aa}	2.84±0.31^{Aa}	2.85±0.17^{Aa}	2.99±0.47^{Aa}	2.10±0.11^{Bb}
A 血清 / (μg·kg^{-1})	1.81±0.27^{Aa}	1.82±0.34^{Aa}	1.55±0.07^{Aa}	1.84±0.30^{Aa}	—
D 血清 / (μg·kg^{-1})	2.45±0.89^{Aa}	2.28±0.36^{Aa}	2.15±0.46^{Aa}	1.99±0.35^{Aa}	0.16±0.06^{Ba}
G 血清 / (μg·kg^{-1})	1.71±0.23^{Aa}	2.02±0.71^{Aa}	1.82±0.62^{Aa}	1.68±0.41^{Aa}	—
A 粪便 / (μg·kg^{-1})	2.30±0.26^{Cb}	6.08±0.91^{Ab}	6.45±0.20^{Ab}	6.57±0.48^{Ab}	3.27±0.07^{Bc}
D 粪便 / (μg·kg^{-1})	10.93±0.65^{Ba}	7.47±0.63^{Dab}	12.31±0.88^{Aa}	9.04±0.45^{Ca}	8.74±0.41^{Ca}
G 粪便 / (μg·kg^{-1})	11.07±0.97^{Ba}	7.78±0.69^{Ca}	12.67±1.35^{Aa}	6.66±0.28^{Cb}	6.45±0.38^{Cb}

表 7-28　不同时间 ZEA 在肉鸡体内代谢的情况（$n = 3$）

项目	0 d	1 d	3 d	5 d	7 d
A 肝脏 / (μg·kg^{-1})	3.68±0.31^{ABc}	4.22±0.28^{Ac}	4.52±0.78^{Ab}	3.10±0.30^{BCc}	2.56±0.64^{Cc}
D 肝脏 / (μg·kg^{-1})	12.78±1.97^{Aa}	14.47±1.44^{Aa}	9.95±1.37^{Ba}	13.09±0.82^{Aa}	9.25±0.58^{Ba}
G 肝脏 / (μg·kg^{-1})	9.59±0.60^{Ab}	8.58±0.26^{ABb}	9.18±0.83^{Aa}	8.45±0.49^{ABb}	7.39±0.84^{Bb}
A 胸肌 / (μg·kg^{-1})	—	—	—	—	—
D 胸肌 / (μg·kg^{-1})	—	—	—	—	—
G 胸肌 / (μg·kg^{-1})	—	—	—	—	—
A 血清 / (μg·kg^{-1})	—	—	1.93±0.53^{Ac}	1.37±0.36^{Bc}	—
D 血清 / (μg·kg^{-1})	10.35±0.24^{Aa}	11.10±0.80^{Aa}	12.78±1.19^{Aa}	10.25±0.69^{Aa}	7.46±0.54^{Ba}
G 血清 / (μg·kg^{-1})	8.15±0.49^{Bb}	9.02±0.46^{ABb}	9.96±0.73^{Ab}	6.79±0.79^{Cb}	5.18±0.29^{Db}
A 粪便 / (μg·kg^{-1})	38.75±3.07^{c}	40.64±3.07^{c}	42.59±3.43^{c}	40.43±3.22^{c}	36.18±1.13^{c}

续表

项目	0 d	1 d	3 d	5 d	7 d
D 粪便/（μg·kg^{-1}）	174.06±5.70^{BCa}	191.66±10.08^{Ba}	235.12±17.12^{Aa}	181.39±8.76^{BCa}	171.92±2.90^{Ca}
G 粪便/（μg·kg^{-1}）	131.85±8.38^{Cb}	149.61±7.92^{Bb}	178.76±8.65^{Ab}	143.68±6.11^{BCb}	130.42±1.82^{Cb}

由表 7-29 可知，在消解试验阶段的 1 d、3 d、5 d 以及 7 d 内，每天每组通过粪便排出 AFB$_1$ 的净排出量中 D 和 G 组的 AFB$_1$ 净排出量始终显著高于 A 组（$P < 0.05$），第 3 天三个组的排出量最高（$P < 0.05$），其中 G 组排出量从第 5 天起明显低于 D 组（$P < 0.05$），说明益生菌可有效地降解 AFB$_1$。

表 7-29　不同时间 AFB$_1$ 的净排出量（μg, $n = 3$）

组别	1 d	3 d	5 d	7 d
A 组	9.32±0.35^{Bb}	11.72±0.37^{Ac}	11.61±0.19^{Ac}	5.83±0.09^{Cc}
D 组	14.44±0.86^{Ca}	23.59±0.36^{Ab}	17.78±0.26^{Ba}	17.92±0.44^{Ba}
G 组	12.97±0.90^{Ba}	24.71±0.63^{Aa}	12.65±0.00^{Bb}	12.79±0.19^{Bb}

由表 7-30 可知，在消解试验阶段的 1 d、3 d、5 d 以及 7 d 内，每天每组通过粪便排出 ZEA 的净排出量变化趋势为：D 组＞G 组＞A 组（$P < 0.05$），皆以第 7 天最低（$P < 0.05$）。

表 7-30　不同时间 ZEA 的净排出量（μg, $n = 3$）

组别	1 d	3 d	5 d	7 d
A 组	62.31±2.35^{Cc}	77.37±2.46^{Ac}	71.43±1.17^{Bc}	64.52±1.04^{Cc}
D 组	370.54±22.13^{Ba}	450.65±6.79^{Aa}	356.73±5.24^{Ba}	352.44±8.60^{Ba}
G 组	249.35±17.28^{Cb}	348.58±8.94^{Ab}	272.99±0.00^{Bb}	258.67±3.76^{BCb}

7.3.3　讨论

7.3.3.1　霉菌毒素生物解毒剂对肉鸡生长性能的影响

以往的研究结果表明，肉鸡在饲喂自然霉变的饲料（包含 168 μg/kg AFB$_1$、54 μg/kg ZEA、8.4 μg/kg 赭曲霉素和 32 μg/kg T－2 毒素）后，饲料报酬、生产性能和血清酶活性显著降低。一般而言，家禽对 AFB$_1$ 比较敏感，而对 ZEA 则敏感度较低。黄曲霉毒素引起家禽中毒的临床症状包括生产性能下降、食欲减退、内脏出血以及对环境应激、病原微生物的抵抗力下降。肉鸡 ZEA 中毒症状也会表现为胫骨软骨发育不良。Danicke 等研究结果发现，用自然霉变的玉米饲喂蛋鸡 16 周，1 580 μg/kg 的 ZEA 可以导致肉鸡的心脏、肝脏、肾脏和小肠质量下降，推测可能是 ZEA 导致采食量下降所致。尹逊慧等研究发现，黄羽肉鸡饲喂了添加 AFB_1 0.1 mg/kg 的基础日粮，42 d 后平均日增重和日采食量降低，料重比显著升高。本试验结果显示，饲喂含有 50 μg/kg AFB_1 以及 500 μg/kg ZEA 的日粮 21 d 及 42 d 后，添加有霉菌毒素生物解毒剂组肉鸡的平均日采食量和日增重皆显著高于霉菌毒素组，而且添加霉菌毒素生物解毒剂可以降低死亡率和腹泻率，主要是由于益生菌降解霉菌毒素及调节胃肠道微生物区系的结果，充分说明霉菌毒素生物解毒剂起到了良好的解毒作用。

7.3.3.2 霉菌毒素生物解毒剂对饲料营养物质代谢率的影响

饲料营养物质代谢率可以直接影响家禽的生产性能指标。许多研究证实，微生态制剂可以提高家禽对能量、粗蛋白质、钙和磷的代谢率。王朋朋给肉鸡饲喂米曲霉发酵的豆粕，饲粮中的粗蛋白质、钙、磷的代谢率显著得到提高。AFB_1 可以降低畜禽体内的蛋白质、脂肪酶活性，从而影响畜禽对营养物质的吸收和利用。邓庆庆等研究发现，在肉鸡日粮中添加 40 μg/kg 的 AFB_1 后，肉鸡的生产性能和营养物质代谢率均有显著降低。而本次试验结果 C 组的蛋白质代谢率最低，与报道结果相符。伍宇超研究发现育成期蛋鸡饲喂含 400 μg/kg ZEA 的饲粮，其粗蛋白和总能量的表观代谢率和真代谢率都无影响。本试验 ZEA 含量为 500 μg/kg，而结果显示，ZEA 具有提高营养物质代谢率的作用，这可能是由于 ZEA 为类雌激素的缘故，可以与受体结合，促进蛋白质的合成。另外，AFB_1 降低了肉鸡饲粮中营养物质的代谢率，而加入霉菌毒素生物解毒剂后则使营养物质代谢率得到了提高，缓解了霉菌毒素的危害作用，归因于益生菌对霉菌毒素的降解及对胃肠道微生物区系的调节作用。

7.3.3.3 霉菌毒素生物解毒剂对肉鸡血清生化指标及内毒素含量的影响

在碱性环境中可以水解磷酸酯的一组酶类被称为碱性磷酸酶（ALP），碱性水解酶在组织和体液中广泛存在。肝胆发生疾病时，碱性磷酸酶合成和释放增加，其活性升高。当发生阻塞性黄疸、肝硬化和肝坏死疾病时，其活性明显升高。Madeha 等研究发现，用 2.7 mg/kg ZEA 饲喂大鼠，大鼠血清中 ALP 含量上升。本试验中混合毒素组（D 组）的 ALP 含量显著高于对照组（A 组）和霉菌毒素生物解毒剂组（G 组），说明霉菌毒素生物解毒剂具有减缓霉菌毒素诱发组织细胞损伤的功能。Schell 等认为血清总蛋白和白蛋白水平的降低可以作为检验黄曲霉毒素中毒症发生的指标。本试验中霉菌毒素生物解毒剂组（G 组）总蛋白和白蛋白含量显著高于对照组和混合毒素组（D 组），间接说明霉菌毒素生物解毒剂可以促进肝脏合成蛋白的能力。

内毒素是大多数革兰氏阴性菌细胞壁的结构成分，内毒素热稳定性好，而且可以在空气中积聚，进入家禽的肠道和血液后对其生长造成不利的影响，可导致畜禽的心肌、肝、肾以及胃肠道等多个功能器官组织损伤。本试验中霉菌毒素生物解毒剂组的内毒素低于霉菌毒素组，间接说明霉菌毒素生物解毒剂具有抑制内毒素的分泌或降解内毒素的作用，对家禽有良好的解毒效果。

7.3.3.4　霉菌毒素生物解毒剂对霉菌毒素代谢规律的影响

AFB_1 在畜禽的肝脏、血液、肌肉及动物产品中被检测到毒素的残留，甚至能够通过食物对人类的健康产生威胁。动物摄入含 AFB_1 的饲料后，十二指肠可以吸收 50%，之后主要在肝脏蓄积和代谢。ZEA 同样由胃肠道吸收后进入肝肠循环，从而滞留时间延长，在家禽体内肝脏残留最多。朱碧波等发现，肉仔鸡饲喂含有 2 mg/kg ZEA 的饲粮，可以造成肝脏氧化损伤并且同时产生毒素残留。宋文静等研究发现动物摄食低剂量 AFB_1 后，肝脏和肌肉中都有残留，其中肝脏残留量较肌肉中多，而添加的复合益生菌均可有效降低组织中的毒素残留，与本试验结果相符。崔晓旭在饲喂肉鸡含 AFB_1 5 mg/kg 的饲料 28 d 后，饲喂正常饲粮，发现肝脏和肌肉中毒素残留的消除时间至少在 11～18 d。而本试验在饲喂对照组日粮 7 d 后还发现组织内有毒素残留，虽然随着时间延长，毒素含量降低，但并未完全消除。

本试验通过测定血清、粪便、胸肌、肝脏以及小肠中两种霉菌毒素含量的含量发现，当饲料中霉菌毒素含量较高时，在组织和器官中的残留量也会提高，但霉菌毒素生物解毒剂的添加可以减少霉菌毒素的残留量和排放量，这归因于益生菌对霉菌毒素的降解。另外，随着排毒时间的延长，霉菌毒素的残留量和排放量逐渐降低，但一周时间不足以排出长期蓄积的霉菌毒素。

7.3.4　小结

本试验结果表明，日粮中添加 50 μg/kg AFB_1 与 500 μg/kg ZEA 的霉菌毒素时，严重影响肉鸡的生长性能和营养物质代谢率，并提高肉鸡的腹泻率死亡率；然而，在添加霉菌毒素生物解毒剂后霉菌毒素的危害作用得到了缓解。霉菌毒素生物解毒剂可以降解霉菌毒素并减少其在组织器官中的残留，为消除霉菌毒素危害奠定基础。

7.4 霉菌毒素生物降解剂对 AFB_1 和 ZEA 引起的 IPEC-J2 细胞毒性的缓解作用

AFB_1 和 ZEA 是谷物和动物饲料中广泛存在的两种霉菌毒素，给动物和人类带来了大量的经济损失和健康问题。为了消除其毒性，近些年来，人们尝试许多物理和化学的方法，但是收效甚微。因为利用生物降解霉菌毒素具有安全、高效、专一性强、可利用性强等优点，所以生物降解霉菌毒素已经广受关注。因此，本节从细胞水平研究复合益生菌与霉菌毒素降解酶配伍对由 AFB_1 和 ZEA 引起的猪肠道上皮细胞损伤的保护作用。

7.4.1 材料与方法

7.4.1.1 试验材料

0.25% EDTA-胰酶、PBS 和 MTT 均购于上海索莱宝公司。在细胞培养基中最终的 DMSO 和无水乙醇体积浓度均小于 0.1%。

细胞凋亡检测试剂盒：北京庄盟 Annexin-FITC 细胞凋亡检测试剂盒。其他试验材料参照 7.2.1.1。

7.4.1.2 菌种选择与培养

参照 7.2.1.4。

7.4.1.3 细胞活力测定

取对数生长期（80% 铺满，大约 48 h）的细胞经 0.25% EDTA-胰酶消化后，用 DMEM/F12 制成细胞悬液，调整细胞浓度后，接种到 96 孔板中，保证每个孔细胞数量为 8 000~10 000 个，然后将细胞培养板置于 CO_2 培养箱中 24 h，吸弃培养基，用 PBS 洗一遍，加入含有单独或两种霉菌毒素的培养基 100 μL，置于细胞培养箱中培养 24 h。然后每孔加入 10 μL 的 MTT（5 mg/mL），37 ℃静置 4 h，加入 150 μL DMSO，在振荡器中振荡 10 min。在 490 nm 测定吸光度，IPEC-J2 相对细胞活力用处理后的细胞 OD 值与未处理的细胞 OD 值的比值表示，该试验每个处理做 6 个重复。

7.4.1.4 试验设计

试验分为如下六个组：对照组（无毒素组）；复合益生菌上清液+霉菌毒素降解酶（CFSCP+MDE）；毒素添加组 Z500（ZEA：500 μg/L）；毒素添加组

A40（AFB$_1$：40 μg/L）；毒素添加组 Z500+A40（AFB$_1$+ZEA：500 μg/L+40 μg/L）；毒素添加组 + 复合益生菌上清液 + 霉菌毒素降解酶 Z500 + A40 + CFSCP + MDE（AFB$_1$+ZEA：500 μg/L+40 μg/L）。

复合益生菌上清液（cell-free supernatant of compound probiotics，CFSCP）按照 7.2 试验得出三种益生菌的比例为 1∶1∶1，然后再与霉菌毒素降解酶（mycotoxin-degradation enzyme，MDE）按照 7.2 试验得出的比例 3∶2 配伍。在细胞培养基中加入 5 μL 替代细胞培养基（经测定 5 μL 对细胞没有损伤）。

7.4.1.5　细胞凋亡测定

在霉菌毒素处理 24 h 后，用 1 mL PBS 洗涤细胞 2 次，然后用不含 EDTA 的胰酶消化细胞，4 ℃、800 r/min 离心细胞 5 min，弃上清液收集细胞。用 PBS 重新悬浮细胞，取细胞悬液，4 ℃、800 r/min 离心 5 min 后弃上清液，加入 500 μL 的 1×binding buffer，依次加入 5 μL 的 Annexin－FITC 和 10 μL PI，轻轻混匀。在室温下，避光反应 30 min，用流式细胞仪 BD FACSCanto^{TM} Ⅱ 进行检测。检测条件为：激发波长 E_x = 488 nm，发射波长 E_m = 530 nm。

7.4.1.6　细胞凋亡、屏障功能、营养物质转运功能、炎性因子等相关基因
　　　　荧光定量 PCR 测定

取对数生长期（80% 铺满，大约 48 h）的 IPEC－J2 细胞，经 0.25% EDTA-胰酶消化后，用 DMEM/F12 制成细胞悬液，调整细胞浓度后，接种到 6 孔板（Costar，Corning，美国）中，保证每个孔细胞数量为 $3.0×10^5$ 个，待细胞贴壁 24 h 后，用 PBS 洗涤细胞一次，然后用无血清的含有 AFB$_1$ 和 ZEA 培养基处理细胞 24 h。总 RNA 用 Trizol 法提取，所提取的 RNA 溶解于 30 μL RNase－free 水中，保存于 –80 ℃ 备用。RNA 浓度用 NanoDrop ND－1000 分光光度仪（Nano－Drop Technologies）测定。RNA 反转录成 cDNA，反转录操作按照宝生物工程（大连）有限公司 PrimeScript$^®$ RT reagent Kit 反转录试剂盒说明书进行，反转录的 cDNA 于 –20 ℃ 保存。引物由上海生物工程科技有限公司合成。

（1）引物设计。

引物序列见表 7-31。

（2）反应体系与程序。

①细胞 RNA 提取。当 6 孔板细胞处理 24 h 后，从培养箱中取出，去其上清液，用 PBS 洗两遍后，每孔加入 1 mL Trizol 试剂，混匀。室温静置 5 min，12 000 r/min 及 4 ℃ 离心 5 min，将上清液转移至新的 DEPC 水处理过的 1.5 mL 离心管中，加入

200 μL 氯仿轻微地颠倒混匀，室温静置 5 min，12 000 r/min 及 4 ℃离心 15 min，将上清液转移至新的 DEPC 水处理过的 1.5 mL 离心管中。加入提前预冷的异丙醇 400 μL，室温静置 10 min，12 000 r/min 及 4 ℃ 离心 10 min，弃上清液。加入 1 mL 预冷的 75% 乙醇洗涤沉淀，7 500 r/min 及 4 ℃离心 5 min，弃上清液，再重复一次。干燥之后加入 40 μL DEPC 水溶解，测 RNA 浓度。

表 7-31　荧光定量 PCR 引物序列

基因	引物序列	登录号	产物大小 /bp	退火温度 /℃
GAPDH	F:ATGACCACAGTCCATGCCATC	XM_004387206.1	271	59.0
	R: CCTGCTTCACCACCTTCTTG			58.7
Bcl-2	F: AGAGCCGTTTCGTCCCTTTC	XM_003122573.2	270	60.2
	R: GCACGTTTCCTAGCGAGCAT			59.8
Bax	F: ATGATCGCAGCCGTGGACACG	XM_003355975.1	296	65.6
	R: ACGAAGATGGTCACCGTCTGC			62.6
Caspase-3	F:TTGGACTGTGGGATTGAGACG	NM_214131.1	165	59.4
	R: CGCTGCACAAAGTGACTGGA			61.2
IL-6	F: GCTCTCTGTGAGGCTGCAGTTC	NM_213867.1	107	62.3
	R: AAGGTGTGGAATGCGTATTTATGC			61.5
ZO-1	F:CCTGAGTTTGATAGTGGCGTTGA	XM_003353439.2	269	59.4
	R: AAATAGATTTCCTGCCCAATTCC			59.0
Occludin	F:ACCCAGCAACGACATA	NM_001163647.2	155	56.9
	R:TCACGATAACGAGCATA			58.0
SGLT1	F:TCATCATCGTCCTGGTCGTCTC	M34044.1	144	61.0
	R:CTTCTGGGGCTTCTTGAATGTC			60.5
GLUT2	F:ATTGTCACAGGCATTCTTGTTAGTCA	NM_001097417.1	273	58.4
	R:TTCACTTGATGCTTCTTCCCTTTC			58.0
PepT1	F:CAGACTTCGACCACAACGGA	NM_214347.1	99	61.5
	R:TTATCCCGCCAGTACCCAGA			60.8

续表

基因	引物序列	登录号	产物大小 /bp	退火温度/℃
ASCT2	F:CTGGTCTCCTGGATCATGTGG	DQ231578.1	172	60.0
	R:CAGGAAGCGGTAGGGGTTTT			60.5

②RNA 反转录 cDNA。测得 RNA 浓度后，使 20 μL 反应体系中的总 RNA 不超过 1 μg，按照 TaKaRa 反转录试剂盒 TB Green Premix Ex *Taq*（Tli RNaseH Plus，Cat# RR420A）进行操作，所得的 cDNA 产物作为下一步 q‐PCR 模板，保存于 -20 ℃备用。

③实时荧光定量 PCR。根据 Takara TB Green™ Premix Ex *Taq*™ Ⅱ（Tli RNaseH Plus，Cat# RR8820A）说明书进行操作，反应体系见表 7-32。

表 7-32　RT-PCR 反应体系

反应体系	使用量
TB Green Premix Ex *Taq* Ⅱ (Tli RNaseH Plus) (2×)	10 μL
PCR Forward Primer (10 μmol/L)	1 μL
PCR Reverse Primer (10 μmol/L)	1 μL
cDNA	1 μL
RNase-free water	7 μL
合计	20 μL

（3）反应程序。

q‐PCR 程序设定如表 7-33 所示。

表 7-33　q-PCR 程序设定

温度 /℃	时间 /min
95	10
95	10
60	30
95	15
55	15
95	15

7.4.1.7 数据分析

试验数据用平均值 ± 标准差表示，用 SPSS 20.0 软件进行 ANOVA 方差分析，用 Duncan 进行多重比较，以 $P < 0.05$ 表示差异显著。q‑PCR 试验结果数据采用 Ct 法（$2^{-\Delta\Delta Ct}$ 法）进行分析计算。

7.4.2 结果与分析

7.4.2.1 AFB₁ 和 ZEA 对 IPEC-J2 细胞活力时间和质量浓度的效应关系

AFB₁ 和 ZEA 对细胞活力影响的时间和质量浓度关系结果见表 7-34。由表 7-34 可知，AFB₁ 和 ZEA 在抑制细胞活力上存在协同作用，两者协同作用大于单一毒素的作用。当 ZEA 和 AFB₁ 的质量浓度分别由 500 μg/L 和 40 μg/L 增加到 1 000 μg/L 和 80 μg/L 的时候，作用于 IPEC‑J2 细胞 24 h 细胞活力显著降低了 7.89%（$P < 0.05$）；而当 ZEA 和 AFB₁ 的质量浓度分别为 500 μg/L 和 40 μg/L 时，作用于细胞时间分别为 6 h、12 h、18 h、24 h、48 h 时，细胞活力却是逐渐升高的，48 h 的细胞活力显著高于 6 h（$P < 0.05$），而单独加入 CFSCP + MDE 对细胞活力没有影响。

表 7-34 两种霉菌毒素对细胞活力的时间‑剂量效应

分组	6 h	12 h	18 h	24 h	48 h
Z500	83.48±4.26^{Ca}	101.79±6.60^{Aa}	94.18±6.39^{Ba}	90.15±6.21^{Bbc}	103.72±3.35^{Abc}
A40	82.83±3.48^{Ca}	95.04±3.04^{Bb}	94.94±3.98^{Ba}	97.72±2.35^{Ba}	103.48±3.33^{Aa}
Z500+A40	81.02±4.02^{Ca}	85.70±5.77^{BCc}	87.24±6.62^{BCbc}	88.63±4.27^{ABc}	94.56±4.21^{Ac}
Z1000	79.40±3.67^{Bab}	92.02±5.61^{Abc}	93.50±3.69^{Aa}	91.45±6.47^{Abc}	94.91±5.90^{Abc}
A80	81.58±3.37^{Ca}	92.30±3.21^{ABbc}	91.73±3.63^{Bab}	95.84±4.66^{ABab}	97.27±5.90^{Aab}
Z1000+A80	75.45±5.81^{Cb}	85.35±7.28^{ABc}	83.99±4.44^{Bc}	81.64±2.72^{Bd}	90.96±3.78^{Ad}
CFSCP+MDE	98.56±0.45^{Aa}	99.12±0.67^{Aa}	98.36±0.06^{Aa}	98.96±0.43^{Aa}	98.15±0.55^{Ab}

注：IPEC‑J2 细胞活力（%）=（处理组 OD_{490} - 处理组 OD_{630}）/（对照组 OD_{490} - 对照组 OD_{630}）×100%。

7.4.2.2 CFSCP+MDE 对 AFB₁ 和 ZEA 引起的细胞损伤的缓解作用

表 7-35 中的坏死细胞率（Q1）、晚期凋亡细胞率（Q2）、早期凋亡细胞率（Q3）和活细胞率（Q4）表明，随着 AFB₁ 和 ZEA 质量浓度的增加，细胞死亡率提高（$P < 0.05$）；但是，加入 CFSCP + MDE 能够显著降低细胞死

亡率（$P < 0.05$）。单一毒素组 Z500 和 A40、Z500 + A40 组、CFSCP + MDE 组和 Z500 + A40 + CFSCP + MDE 组的 Q1、Q2、Q3 和 Q4 与对照组差异显著（$P < 0.05$），A40 组、Z500+A40 组、CFSCP + MDE 组和 Z500 + A40 + CFSCP + MDE 组的早期细胞凋亡率和晚期细胞凋亡率均显著高于 Z500 组和对照组（$P < 0.05$）。而单独添加 CFSCP + MDE 组相对于对照组，显著提高了细胞坏死率和凋亡率（$P < 0.05$）；但是在 AFB_1 和 ZEA 存在的条件下加入 CFSCP + MDE，细胞坏死率相对于两种毒素组却降低了 42.69%（$P < 0.05$），活细胞率显著提高了 3.11%（$P < 0.05$）。因此可以推测复合益生菌上清液与霉菌毒素降解酶组合能够缓解 AFB_1 和 ZEA 对 IPEC–J2 细胞产生的毒性作用。

表 7-35　CFSCP+MDE 对 IPEC-J2 细胞凋亡的影响（%，$n = 6$）

分组	Q1	Q2	Q3	Q4
对照组	1.66 ± 0.09^d	0.96 ± 0.24^b	0.75 ± 0.30^c	96.63 ± 0.38^a
CFSCP+MED	2.44 ± 0.24^c	2.44 ± 0.42^a	2.14 ± 0.36^b	92.97 ± 1.00^b
Z500	5.36 ± 0.45^a	0.90 ± 0.39^b	0.89 ± 0.14^c	92.86 ± 0.56^b
A40	4.19 ± 0.30^b	2.33 ± 0.37^a	2.94 ± 0.09^a	90.54 ± 0.57^c
Z500+A40	5.13 ± 0.84^a	2.85 ± 0.68^a	2.50 ± 0.25^b	89.52 ± 0.09^c
Z500+A40+CFSCP+MDE	2.94 ± 0.32^c	2.56 ± 0.43^a	2.20 ± 0.25^b	92.30 ± 1.00^b

7.4.2.3　霉菌毒素生物降解剂对 AFB_1 和 ZEA 的降解率影响

由表 7-36 可知，对 ZEA 的降解，Z500 + A40 + CFSCP + MDE 组达到 35.92%，显著高于 Z500 + A40 + CFSCP 组对 ZEA 的降解率，与 Z500 + A40 + MDE 组差异不显著；Z500 + A40 + CP7 + MDE 组对 ZEA 的降解率显著高于 Z500 + A40 + CFSCP + MDE 组，与 Z500 + A40 + CP7 组差异不显著；对 AFB_1 的降解，Z500 + A40 + CFSCP + MDE 组达到 39.26%，显著高于 Z500 + A40 + CFSCP 组和 Z500 + A40 + MDE 组，Z500 + A40 + CP7 + MDE 组对 ZEA 的降解率显著高于 Z500 + A40 + CFSCP 组、Z500 + A40 + CP7 组和 Z500 + A40 + CFSCP + MDE 组。

表 7-36　CFSCP+MDE 对 IPEC-J2 细胞中 AFB1 和 ZEA 的降解率（%，$n = 6$）

分组	ZEA 残留量 / （$\mu g \cdot L^{-1}$）	ZEA 降解率 /%	AFB_1 残留量 / （$\mu g \cdot L^{-1}$）	AFB_1 降解率 /%
Z500+A40	562.00 ± 30.00^a	—	43.23 ± 1.67^a	—

续表

分组	ZEA 残留量 / (μg·L⁻¹)	ZEA 降解率 /%	AFB₁ 残留量 / (μg·L⁻¹)	AFB₁ 降解率 /%
Z500+A40+CFSCP	514.00±2.00ᵃ	8.54±0.36ᶜ	30.50±1.93ᵇ	29.45±4.47ᵈ
Z500+A40+MDE	329.60±26.80ᵇ	41.35±4.77ᵇ	31.01±1.48ᵇ	28.26±3.43ᵈ
Z500+A40+CFSCP+MDE	360.13±45.85ᵇ	35.92±8.16ᵇ	26.15±0.99ᶜ	39.26±2.28ᶜ
Z500+A40+CP7	106.13±25.91ᶜ	81.12±4.61ᵃ	18.53±1.26ᵈ	57.14±2.92ᵇ
Z500+A40+CP7+MDE	119.77±31.40ᶜ	78.69±5.59ᵃ	11.40±3.55ᵉ	73.61±8.20ᵃ

注：CP7 表示益生菌活菌数是 $1×10^7$ CFU/mL 的全菌液，CFSCP 是 CP7 除菌上清液。

7.4.2.4　CFSCP+MDE 对 AFB₁ 和 ZEA 引起 IPEC-J2 细胞因子 mRNA 丰度变化的影响

由图 7-6 可知，与两种毒素组 Z500 + A40 组相比，Z500 + A40 + CFSCP + MDE 组和单独 CFSCP + MDE 组细胞因子 Bcl-2 的相对 mRNA 丰度显著上调（$P < 0.05$）；相反，Bax 和 Caspase-3 显著下调（$P < 0.05$）。

由图 7-7 可知，与其他组相比，Z500 + A40 + CFSCP + MDE 组的 ZO-1 和 Occludin 的相对 mRNA 丰度显著提高（$P < 0.05$），A40 组 Occludin 的相对 mRNA 丰度要显著低于 Z500 + A40 组和 Z500 + A40 + CFSCP + MDE 组（$P < 0.05$）；A40 组和 Z500 + A40 组的 ZO-1 相对 mRNA 丰度要显著低于对照组、CFSCP + MDE 组和 Z500 + A40 + CFSCP + MDE 组（$P < 0.05$）。这可能是由于 CFSCP + MDE 能增加肠道上皮细胞结合的紧密度，从而能够抵御霉菌毒素进入肠上皮细胞，引起细胞毒性，对细胞造成损伤。

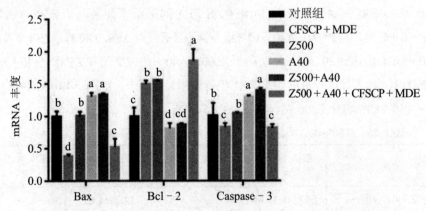

图 7-6　CFSCP+MDE 对 Bax、Bcl-2 和 Caspase-3 mRNA 丰度的影响

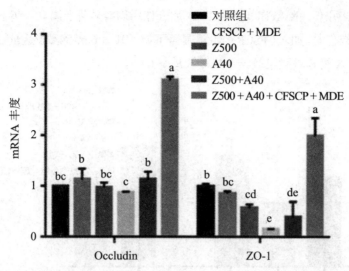

图 7-7　CFSCP+MDE 对 Occludin 和 ZO－1 mRNA 丰度的影响

由图 7-8 可知，与其他组相比，Z500＋A40＋CFSCP＋MDA 组中，ASCT2 的相对 mRNA 丰度显著下降（$P < 0.05$），GLUT2 相对 mRNA 丰度在 Z500＋A40 组显著升高（$P < 0.05$），而在 CFSCP＋MDA 组显著降低（$P < 0.05$）；在 Z500＋A40 中加入 CFSCP＋MDA，GLUT2 表达水平与对照组一样。Z500＋A40＋CFSCP＋MDA 组相对于 Z500＋A40 组 PepT1 的相对 mRNA 丰度显著上调，但是 A40 组、Z500＋A40 组和 Z500＋A40＋CFSCP＋MDA 组相对于对照组和 CFSCP ＋MDA 组，PepT1 的相对 mRNA 丰度显著下调；SGLT1 在各组中均差异不显著（$P > 0.05$）。

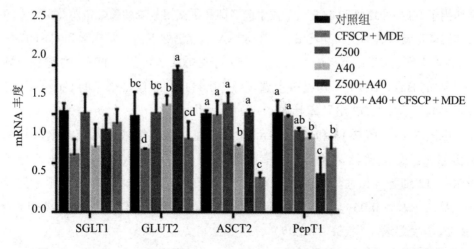

图 7-8　CFSCP＋MDE 对 SGLT1、GLUT2、ASCT2 和 PepT1 mRNA 丰度的影响

图 7-9 表明单一的 AFB$_1$ 或者与 ZEA 联合作用均能显著上调 IL-6 mRNA 表达量（$P < 0.05$）。但是，加入 CFSCP+MDE 显著下调了 IL-6 mRNA 表达量（$P < 0.05$）。单独添加 ZEA 组和对照组差异不显著（$P > 0.05$）。

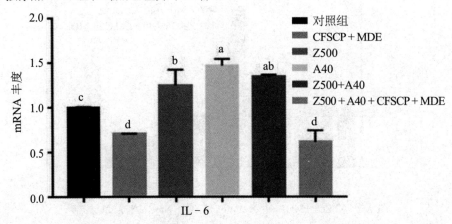

图 7-9　CFSCP+MDE 对 IL-6 mRNA 丰度的影响

7.4.2.5　益生菌和霉菌毒素降解酶配伍对 AFB$_1$ 和 ZEA 诱发的 IPEC-J2 细胞凋亡、肠道屏障功能、营养物质转运及免疫细胞因子 mRNA 丰度变化的影响

由图 7-10、图 7-11 和图 7-12 可知，AFB$_1$ 和 ZEA 诱导的 IPEC-J2 细胞 6 h 时，益生菌活菌和霉菌毒素降解酶配伍与益生菌上清液和霉菌毒素降解酶配伍相比，Bax 和 Bcl-2 mRNA 丰度均显著下调（$P < 0.05$），Caspase-3 各组之间差异不显著；相对于 Z500+A40 组，单独 CP7 组显著降低 Bax 丰度，单独 MDE 组显著上调 Bax 丰度，Bcl-2 mRNA 丰度与 Z500+A40 组差异不显著；当作用于 IPEC-J2 细胞 24 h 后，益生菌活菌和霉菌毒素降解酶配伍与益生菌上清液和霉菌毒素降解酶配伍相比 Bcl-2 mRNA 丰度仍然下调，但 Bax 和 Caspase-3 mRNA 丰度却显著上调（$P < 0.05$）。相对于 Z500+A40 组，单独 CP7 组和单独 MDE 组的 Bax、Bcl-2 均显著上调（$P < 0.05$），单独 CP7 组的 Caspase-3 显著下调，单独 MDE 组显著上调。

由图 7-13、图 7-14 和图 7-15 可知，与益生菌上清液和霉菌毒素降解酶配伍相比，益生菌活菌和霉菌毒素降解酶配伍作用于 AFB$_1$ 和 ZEA 诱导的 IPEC-J2 细胞 6 h 时，TJP1、ZO-1 和 Occludin 的 mRNA 丰度两组之间差异不显著（$P > 0.05$）；但是当处理 24 h 时，TJP1、ZO-1 和 Occludin 的 mRNA 丰度显著下调（$P < 0.05$）。

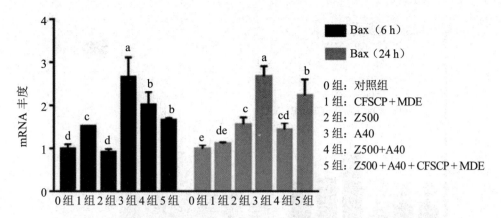

图 7-10　益生菌活菌和上清液分别与霉菌毒素降解酶配伍对 Bax mRNA 丰度的影响

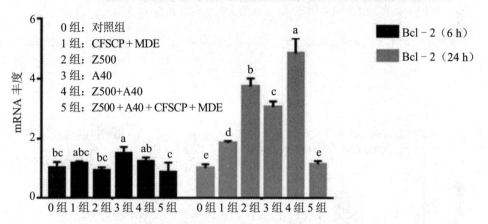

图 7-11　益生菌活菌和上清液分别与霉菌毒素降解酶配伍对 Bcl－2 mRNA 丰度的影响

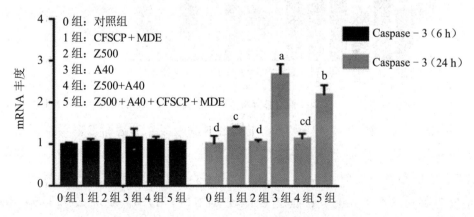

图 7-12　益生菌活菌和上清液分别与霉菌毒素降解酶配伍对 Caspase－3 mRNA 丰度的影响

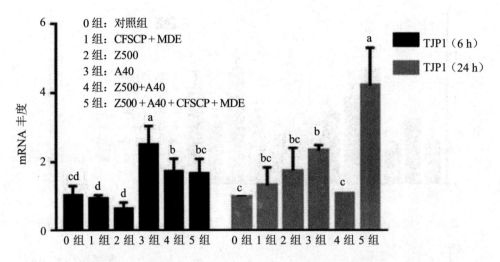

图 7-13　益生菌活菌和上清液分别与霉菌毒素降解酶配伍对 TJP1 mRNA 丰度的影响

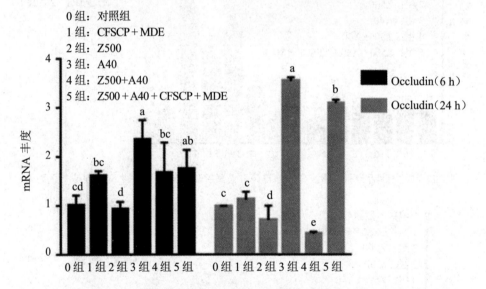

图 7-14　益生菌活菌和上清液分别与霉菌毒素降解酶配伍对 Occludin mRNA 丰度的影响

由图 7-16、图 7-17 和图 7-18 可知，与益生菌上清液和霉菌毒素降解酶配伍相比，益生菌活菌和霉菌毒素降解酶配伍作用于 AFB_1 和 ZEA 诱导的 IPEC‑J2 细胞 6 h 时，TJP1、ZO‑1 和 Occludin 的 mRNA 丰度两组之间差异不显著（$P > 0.05$）；但是当处理 24 h 时，TJP1、ZO‑1 和 Occludin 的 mRNA 丰度显著下调（$P < 0.05$）。

与益生菌上清液和霉菌毒素降解酶配伍相比，益生菌活菌和霉菌毒素降解酶配伍作用于 AFB$_1$ 和 ZEA 诱导的 IPEC－J2 细胞 6 h 时，对营养转运因子 ASCT2、GLUT2 和 SGLT1 的 mRNA 丰度皆无显著性影响（$P > 0.05$）；但是处理 24 h 后，GLUT2 mRNA 丰度显著下调（$P < 0.05$），ASCT2 和 SGLT1 mRNA 丰度在两组之间差异不显著（$P > 0.05$）。

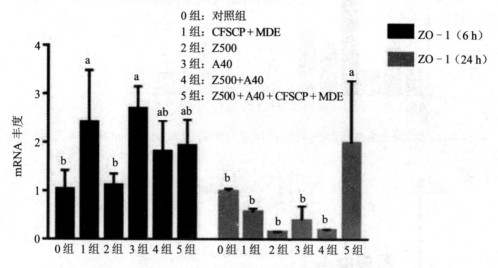

图 7-15　益生菌活菌和上清液分别与霉菌毒素降解酶配伍对 ZO－1 mRNA 丰度的影响

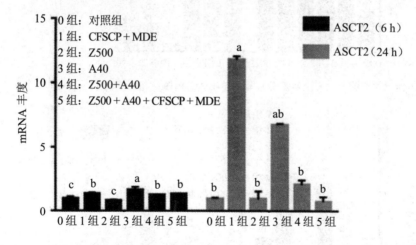

图 7-16　益生菌全菌和上清液分别与霉菌毒素降解酶配伍对 ASCT2 mRNA 丰度的影响

由图 7-19 可知，与益生菌上清液和霉菌毒素降解酶配伍相比，益生菌活菌和霉菌毒素降解酶配伍作用于 AFB$_1$ 和 ZEA 诱导的 IPEC－J2 细胞，无论是 6 h 还是 24 h，均上调 IL－6 的 mRNA 丰度（$P < 0.05$）。

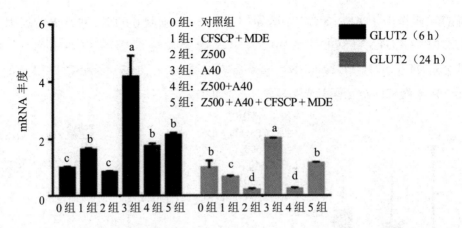

图 7-17　益生菌全菌和上清液分别与霉菌毒素降解酶配伍对 GLUT2 mRNA 丰度的影响

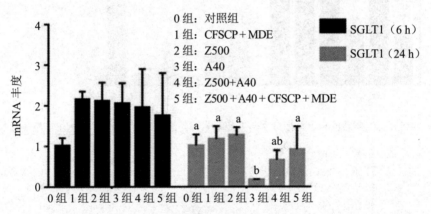

图 7-18　益生菌全菌和上清液分别与霉菌毒素降解酶配伍对 SGLT1 mRNA 丰度的影响

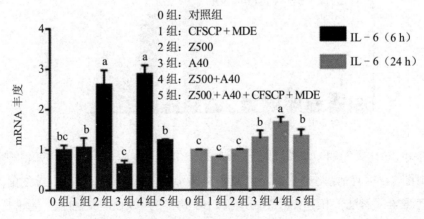

图 7-19　益生菌活菌和上清液分别与霉菌毒素降解酶配伍对 IL‑6 mRNA 丰度的影响

7.4.3　讨论

7.4.3.1　AFB_1 和 ZEA 对 IPEC-J2 细胞活力时间和质量浓度的效应关系

由 AFB_1 和 ZEA 对 IPEC－J2 细胞活力时间和质量浓度的效应结果可知，单独加入 CFSCP＋MDE 对细胞活力没有影响，因此可以推测 CFSCP＋MDE 对细胞没有毒性。本试验结果表明，在不同的作用时间和质量浓度条件下，AFB_1 与 ZEA 对细胞活力的联合毒性大于单一霉菌毒素对细胞活力的影响，其原因是 AFB_1 和 ZEA 对细胞活力影响的协同毒性作用，与 Lei 等（2013）的研究一致，其研究结果表明当一种以上的霉菌毒素共存时，它们对肾脏、肝脏和其他细胞系的联合毒性作用就表现出来了。当然，细胞活力受到众多因素的影响，如细胞类型、暴露时间、霉菌毒素剂量和种类，以及它们的代谢产物等。但是为什么细胞活力随着反应时间的延长而增强呢？主要原因可能是肠道细胞在长期接触霉菌毒素的情况下，其适应性增强。综合考虑两种霉菌毒素对细胞的毒性作用，ZEA 和 AFB_1 在饲料中的限量标准，以及动物采食后饲料在消化道中的存留时间，最终确定下一步细胞中毒模型中 ZEA 和 AFB_1 的质量浓度分别为 500 μg/L 和 40 μg/L，作用于细胞的时间为 24 h。

7.4.3.2　CFSCP+MDE 对 AFB_1 和 ZEA 引起的细胞损伤的缓解作用

加入 AFB_1 和 ZEA 后，细胞坏死率增加，活细胞率降低。然而，加入 CFSCP＋MDE 可以减弱 AFB_1 和 ZEA 的毒性，这可能是来自霉菌毒素的生物降解作用。Mechoud 等（2012）研究表明，嗜酸乳杆菌和罗伊氏乳杆菌可以抑制 OTA 诱导的人外周血单核细胞中 IL－10 和 TNF－α 的产生和细胞凋亡。在含有单独 AFB_1 组或 AFB_1＋ZEA 组中，早期细胞凋亡率和晚期细胞凋亡率显著升高，但只有 ZEA 不能诱导细胞凋亡，这表明 AFB_1 诱导细胞凋亡的毒性大于 ZEA。这一结果与 Lei 等（2013）的研究一致，该研究中 10～40 μm ZEA 不能诱导 PK15 细胞凋亡，但与另一个研究不一致，Zhu 等（2011）研究表明 120 μmol/L（约 38.20 μg/mL）ZEA 诱导猪颗粒细胞 61.8% 凋亡。这可能是由霉菌毒素剂量和细胞类型不同所致的，因为不同种类的霉菌毒素对不同器官有不同的影响。

7.4.3.3　CFSCP+MDE 对 AFB_1 和 ZEA 诱导的 IPEC-J2 细胞因子 mRNA 丰度变化的影响

通常情况下，细胞因子 Bcl－2 抑制细胞凋亡，而 Bax 和 Caspase－3 则促进细胞凋亡。有研究表明，益生菌能够上调 Bcl－2 的表达，下调 Bax 和 Caspase－3 的表达。本试验结果表明 AFB_1 单独作用或与 ZEA 联合作用能够显著上调 Bax 和 Caspase－3 表达。Caspase－3 是细胞凋亡的信号，参与细胞凋亡的执行，能够导致 DNA 修复的抑制并启动 DNA 的降解。由本试验结果可以看出霉菌毒素会导致细胞凋亡。而单独在细胞中添加 CFSCP + MDE 或者在 Z500 + A40 中加入 CFSCP + MDE 能够显著上调 Bcl - 2，下调 Bax 和 Caspase - 3 表达。因此可以推测 CFSCP + MDE 能够减少细胞凋亡，缓解细胞损伤，这个结果与本试验用 Annexin - FITC 法测定细胞凋亡的结果一致。

为了弄清楚益生菌对肠道营养物质吸收功能的影响，选择了四个与葡萄糖和氨基酸转运有关的基因作为研究对象。钠 - 葡萄糖协同转运蛋白 1 基因（$SGLT1$）在小肠葡萄糖的吸收过程中，主要参与主动运输。葡萄糖转运蛋白 2 基因（$GLUT2$）在小肠葡萄糖的吸收过程中，主要参与易化扩散。500 μg/L ZEA 与 40 μg/L AFB_1 显著上调了 $GLUT2$，但是加入 CFSCP + MDE 使 $GLUT2$ 恢复到与对照组相同的水平。这表明 CFSCP + MDE 在霉菌毒素的胁迫下能够保持 $GLUT2$ 在肠道能葡萄糖转运的正常水平。相关研究表明，DON 作用于人或小鼠的肠上皮细胞能够影响营养物质的吸收，与本试验结果趋于一致。ASCT2 为 Na^+ - 依赖性中性氨基酸载体，是一种广谱的氨基酸载体，它的生理功能主要是转运肠腔内谷氨酰胺、丙氨酸、丝氨酸和半胱氨酸等中性氨基酸。有报道称其在癌细胞中表达量较高，通过 CFSCP + MDE 下调 ASCT2 表达，表明 CFSCP + MDE 能够缓解 AFB_1 + ZEA 引起的细胞毒性。

PepT1 为寡肽转运蛋白，主要存在于小肠上皮细胞的刷状缘膜上，肠道 PepT1 对于消化道中蛋白质的降解产物二肽、三肽具有转运吸收的功能。肠道 PepT1 对于维持机体的内环境稳定以及药物在胃肠道吸收发挥重要作用。加入 500 μg/L ZEA 和 40 μg/L AFB_1，PepT1 显著下调，说明两种霉菌毒素可能影响了肠道中多肽的代谢；而在加入 CFSCP + MDE 之后，PepT1 显著上调，再次说明 CFSCP + MDE 能够减小 AFB_1 + ZEA 对营养物质吸收的影响。

紧密结合蛋白是多蛋白复合物，其主要作用是维持肠道上皮细胞的屏障功能，肠道紧密结合蛋白是调节肠道屏障功能和预防肠道疾病的靶位点，其中包括霉菌毒素引起的肠道疾病。紧密结合蛋白包括 ZO - 1、Occlodin。本试验结果表明在 AFB_1 和 ZEA 中加入 CFSCP + MDE，ZO - 1 和 Occludin 显著上调，说明 CFSCP + MDE 可以保护肠道上皮屏障免受霉菌毒素的影响。有研究表明在 DON 诱导的 IPEC-J2 细胞中加入枯草芽孢杆菌显著上调了 ZO - 1 表达，缓解了 DON 造成的细胞损伤。复合益生菌可以通过维持紧密结合蛋白稳定表达来防止细胞凋亡，与本试验结果一致。与单独加入 CFSCP + MDE 相比，在 AFB_1 和 ZEA 中加入 CFSCP + MDE

显著上调了 ZO - 1 和 Occludin，可能是细胞对霉菌毒素的一种应激反应，有利于肠上皮细胞排斥对霉菌毒素的吸收。

炎性因子是肠道免疫系统的关键信号，在宿主防御、炎症反应和自身免疫性疾病中发挥着关键作用。IL-6 是肠道免疫和炎症反应的主要细胞因子，它在受到刺激时释放出来，如霉菌毒素、微生物感染等其他因素。AFB_1 和 ZEA 单独或联合作用导致 IL - 6 的 mRNA 丰度的显著增加，表明是由霉菌毒素引发炎症反应。然而单独加入 CFSCP+MDE 或与 AFB_1 和 ZEA 同时加入均可以降低 IL - 6 的 mRNA 丰度。因此可以推断，益生菌和霉菌毒素降解酶的结合能够减弱霉菌毒素的细胞毒性。

7.4.3.4　益生菌和霉菌毒素降解酶配伍对 AFB_1 和 ZEA 引起 IPEC-J2 细胞凋亡、肠道屏障功能、营养物质转运以及免疫细胞因子 mRNA 丰度变化的影响

由于霉菌毒素对肠道的损害作用，关于使用益生菌缓解肠道的损伤作用的研究引起了广泛关注。由益生菌活菌和益生菌上清液分别与霉菌毒素降解酶配伍结果可以看出，益生菌活菌和上清液均在一定程度上上调促凋亡因子 Bax 和 Caspase - 3 的表达。但是与益生菌上清液相比，益生菌活菌显著上调了促凋亡因子 Bax 和 Caspase - 3 的表达，而下调了抑制凋亡因子 Bcl - 2。因此推断益生菌活菌对肠黏膜上皮细胞来说是一种外源刺激，可以使机体产生应激，释放促凋亡因子，对细胞自身起到保护作用。此外，益生菌能够减少由药物、病原菌或其他因素引起的细胞损伤，能够增加紧密结合蛋白的表达量。益生菌增加了 Caco - 2 细胞的肠道屏障功能和紧密结合蛋白的完整性。本试验中，在 IPEC - J2 细胞中加入益生菌和霉菌毒素降解酶对 ZO - 1 没有显著影响，与 Marasas 等（2019）的研究不一致，其可能是由细胞种类、毒素种类和质量浓度等因素不同所致。Peng 研究发现芽孢杆菌 CW14 能够缓解赭曲霉毒素 A 引起的 Caco - 2 细胞损伤，上调紧密结合蛋白 ZO - 1 的表达量和减少细胞凋亡。另外，益生菌活菌和益生菌上清液分别与霉菌毒素降解酶配伍对营养物质转运载体的表达量两者均差异不显著。在细胞水平上进行综合分析，益生菌上清液对 AFB_1 和 ZEA 引起的细胞损伤的缓解作用比活菌要好。

7.4.4　小结

本试验采用复合益生菌的无菌上清液和霉菌毒素降解酶相结合，测定其对 AFB_1 和 ZEA 诱导的仔猪空肠上皮细胞（IPEC - J2 细胞）毒性损伤的缓解作用。结果表明，AFB_1 与 ZEA 的共存具有抑制细胞活力的协同作用。然而，CFSCP +

MDE 的添加可以减弱 AFB_1 和 ZEA 的细胞毒性，提高活细胞率，增强肠上皮细胞的屏障功能和改善营养物质吸收。另外，益生菌上清液对 AFB_1 和 ZEA 引起的细胞损伤的缓解作用比活菌要好。本研究为减轻霉菌毒素的危害提供了一种有效的方法，对维护肠道细胞的正常功能具有重要意义。

7.5 酿酒酵母、蜡样芽孢杆菌对 DON 诱导 IPEC-J2 细胞损伤的影响

7.5.1 材料与方法

7.5.1.1 试验材料

仔猪肠上皮细胞（IPEC‑J2）：由河南农业大学河南省动物源性食品安全重点研究实验室惠赠。蜡样芽孢杆菌、酿酒酵母分别为本实验室保存菌种。

（1）试剂。

DMEM/F‑12 培养液（Hyclone，美国）；胎牛血清（Fetal Bovine Serum, FBS, 杭州四季青生物工程材料有限公司）；青链霉素混合液、MTT、PBS 缓冲液、0.25% 胰酶蛋白酶‑EDTA 消化液、0.25% 胰酶蛋白酶（北京索莱宝科技有限公司）；DMSO（Sigma 公司，美国）；Trizol、RNase‑free 水、反转录试剂盒、实时荧光定量试剂盒（Takara，日本）；其他生化试剂同 7.2.1.1。

（2）主要仪器设备（表 7-37）。

表 7-37 主要仪器设备

仪器	型号	生产商
细胞培养瓶	Costar	美国康宁
洁净工作台	SW‑CJJ‑1F	苏州安泰空气技术有限公司
二氧化碳培养箱	WJ‑1608‑Ⅲ	上海新苗医疗器械制造有限公司
倒置显微镜	DXS‑2	上海缔伦光学仪器有限公司
微量高速离心机	TG16‑W	湖南湘仪实验室仪器开发有限公司
低温离心机	D37520	Thermo Scientific 公司
流式细胞仪	FACSCanto Ⅱ	BD FACSCanto ™ Ⅱ Flow Cytometer
罗氏荧光定量 PCR 仪	Light Cycler 96	Roche Diagnostics Ltd

续表

仪器	型号	生产商
数显恒温水浴锅	DFD - 700	常州普天仪器制造有限公司
SHZ - C 水浴恒温振荡器	YLD - 2000	上海博讯实业有限公司医疗设备厂
Annexin V - FITC/PI 细胞凋亡检测试剂盒	KGA107	江苏凯基生物技术股份有限公司
UVP 凝胶成像分析系统	UVP	美国 UVP 公司

（3）试剂的配制。

①细胞培养基：10% 胎牛血清、1% 青链霉素混合液和 90% DMEM/F - 12 培养液充分混合均匀（胎牛血清在 -20 ℃保存，使用时先在 4 ℃冰箱融化然后在 56 ℃水浴灭活 30 min），4℃保存备用。

②细胞冻存液：40% 胎牛血清、10% DMSO 和 50% 的 DMEM/F - 12 培养液混匀即可，现配现用。

③ LB、YPD 培养基配制同 7.2.1.3。

④ DON 储存液的配制：将 DON 纯品用乙醇完全溶解，配制成 5 mg/mL 母液，在 -20 ℃避光保存。使用时用 DMEM/F - 12 培养液稀释至 100 μg/mL，4 ℃保存备用。

⑤ DON 工作液的配制：将 100 μg/mL 的 DON 储存液用 DMEM/F - 12 培养基分别配制成 0 μg/mL、0.075 μg/mL、0.15 μg/mL、0.3 μg/mL、0.6 μg/mL、1.2 μg/mL、2.4 μg/mL、4.8 μg/mL、9.6 μg/mL、19.2 μg/mL 的工作液，4 ℃避光保存备用。

7.5.1.2　细胞的培养

（1）细胞复苏。

将在液氮中保存的 IPEC - J2 细胞株取出，迅速放在 37 ℃水浴锅中溶解，转入含有 5 倍体积的细胞培养基中，1 000 r/min 离心 5 min，弃去上清液，用 1 mL 含 10% 血清和 1% 双抗的完全培养基吹打均匀后移入 25 cm² 培养瓶中，加入新鲜培养基 5 mL，37 ℃、5% CO₂ 的条件下培养，换液时间根据细胞的成长情况而定，若培养基变黄或死细胞过多时立即更换新鲜培养基。待细胞长至瓶壁的 80% ～ 90% 时，用 0.25% 胰酶蛋白酶 - EDTA 消化液消化传代。

（2）细胞培养与传代。

弃去培养瓶中的旧培养液，分别用 1 mL PBS 缓冲液洗涤 2 ～ 3 次，加入 1 mL 0.25% 胰酶蛋白酶 - EDTA 消化液在细胞培养箱中消化 3 ～ 5 min 后，在倒置显微镜下观察细胞的形态，细胞变圆、间隙变大或者对着有光线的地方看到细胞从瓶壁上像细沙般落下时立即加入 1 mL 培养基终止消化，用移液器反复吹打瓶壁上的细胞，形成细胞悬浮液，将悬浮液在 1 000 r/min 条件下离心 5 min，弃去上清液，加入培养基悬浮细胞，按照 1∶2 或者 1∶3 进行传代，培养基补足至 5 mL，37 ℃、5% CO_2 的条件下培养，隔天换液，观察细胞的形态。

（3）细胞冻存。

弃去培养瓶中的旧培养液，分别用 1 mL PBS 缓冲液洗涤 2～3 次，加入 1 mL 0.25% 胰酶蛋白酶－EDTA 消化液在细胞培养箱中消化 3～5 min 后，加入 1 mL 培养基终止消化，移液器反复吹打瓶壁上的细胞，形成细胞悬浮液，将悬浮液在 1 000 r/min 条件下离心 5 min，弃去上清液，加入冻存液，血球计数板计数后将细胞浓度调至 $1×10^6$～$3×10^6$ 个/mL，移到冻存管中，标记后在 4 ℃预冷 20 min，放入 -20 ℃ 1 h，之后转入 -80 ℃冷冻过夜，第 2 天转入液氮中长期保存。

7.5.1.3 菌株的活化和培养

将保存的蜡样芽孢杆菌和酿酒酵母分别在 LB、YPD 液体培养基中活化 24 h，将活化后的菌液分别按 5%、2% 的接种量重新接入新鲜培养基继续分别培养 16 h、24 h，涂板计数，4 ℃冰箱保存备用。

7.5.1.4 DON 对 IPEC-J2 细胞活力的影响

（1）不同质量浓度 DON 对 IPEC-J2 细胞活力的影响。

取对数生长期细胞，常规消化计数后接种至 96 孔板，100 μL/ 孔，每孔细胞数为 $1×10^4$ 个，细胞培养 24 h 贴壁后弃掉原培养基，用 PBS 洗涤一次，分别加入不同质量浓度 DON（0 μg/mL、0.075 μg/mL、0.15 μg/mL、0.3 μg/mL、0.6 μg/mL、1.2 μg/mL、2.4 μg/mL、4.8 μg/mL、9.6 μg/mL、19.2 μg/mL）的无血清，无双抗的 DMEM/F－12 培养基，每个质量浓度做 6 个孔，重复 3 次，对照组含有与 DON 组相同体积的乙醇，用只含培养基、无细胞的作为调零组，分别培养至 12 h、24 h、48 h 时在显微镜下观察细胞的形态，之后每孔加入 10 μL 的 MTT（质量浓度为 5 mg/mL），37 ℃、5% CO_2 培养箱中共同孵化 4 h 后，小心吸走培养液，加入 150 μL 的 DMSO 在振荡器上振荡 10 min 以使甲瓒充分溶解，用酶标仪在 450 nm 波长下测其吸光度值（OD 值），以 OD 值表示细胞活力，根据 OD 值计算细胞存活率，公式如下：

细胞存活率 =[（试验组 OD 值 - 调零组 OD 值）/（对照组 OD 值 - 调零组 OD 值）]×100%

（2）DON 质量浓度 - 时间互作对 IPEC - J2 细胞活力的影响。

取对数生长期细胞，常规消化计数后接种至 96 孔板，100 μL/ 孔，每孔细胞数为 $1×10^4$ 个，细胞培养 24 h 贴壁后弃掉原培养基，用 PBS 洗涤一次，分别加入不同质量浓度 DON（0 μg/mL、0.075 μg/mL、0.15 μg/mL、0.3 μg/mL、0.6 μg/mL、1.2 μg/mL）的无血清、无双抗的 DMEM/F - 12 培养基，每个质量浓度做 6 个复孔，重复 3 次，对照组含有与 DON 组相同体积的乙醇，用只含培养基、无细胞的作为调零孔，分别培养至 4 h、8 h、16 h、32 h 时在显微镜下观察细胞的形态结构，然后每孔加入 10 μL MTT（5 mg/mL）检测细胞活力。

7.5.1.5　蜡样芽孢杆菌和 DON 共添加对 IPEC-J2 细胞活力的影响

（1）蜡样芽孢杆菌的处理。

取培养后的蜡样芽孢杆菌，8 000 r/min 离心 5 min 后，吸取上清液，过 0.22 μm 滤膜除菌，4 ℃保存备用；离心后的菌体细胞用 DMEM/F - 12 培养基重新悬浮菌体细胞，8 000 r/min 离心 5 min，如此洗涤两次后用 DMEM/F - 12 培养基按等体积将菌体悬浮，4 ℃冰箱保存备用。

（2）蜡样芽孢杆菌对 IPEC - J2 细胞活力的影响。

取对数生长期细胞，常规消化计数后接种至 96 孔板，100 μL/ 孔，每孔细胞数为 $1×10^4$ 个，细胞培养 24 h 贴壁后弃掉原培养基，用 PBS 洗涤一次，试验分组如下。

①对照组：DMEM/F - 12 培养基组。

②蜡样芽孢杆菌发酵液（B - FL）组：每孔分别加入 5 μL 酵母发酵液，使蜡样芽孢杆菌和细胞的感染复数（MOI）分别为 0.1、1、10，即每孔的蜡样芽孢杆菌分别为 $1×10^3$ 个、$1×10^4$ 个、$1×10^5$ 个，其余 95 μL 用 DMEM/F - 12 培养基补足。

③蜡样芽孢杆菌培养的上清液（B - CFS）组：每孔分别对应加入 5 μL 具有与上一步相同活菌数蜡样芽孢杆菌培养液的上清液，其余 95 μL 用 DMEM/F - 12 培养基补足。

④蜡样芽孢杆菌菌体细胞（B - C）组：每孔分别加入 100 μL 用 DMEM/F - 12 稀释成不同活菌数的蜡样芽孢杆菌，使每孔的酵母细胞分别为 $1×10^3$ 个、$1×10^4$ 个、$1×10^5$ 个，即 MOI 分别为 0.1、1、10。

以上分组分别培养 1 h、2 h、4 h 后，用 PBS 缓冲液洗涤 2~3 次直至洗掉添加的菌体，然后每孔加入 100 μL 终质量浓度为 0.5 mg/mL MTT 的 DMEM/F - 12 培养基，37 ℃、5%

CO_2 培养箱共同孵育 4 h，4 h 后小心吸走培养液，加入 150 μL 的 DMSO 在振荡器上振荡 10 min 以使甲瓒充分溶解，用酶标仪在 450 nm 波长下测 OD 值。

（3）蜡样芽孢杆菌上清液对 IPEC - J2 细胞活力的影响。

将培养 16 h 的蜡样芽孢杆菌的发酵液 12 000 r/min 离心 5 min，收集上清液，分别用 DMEM/F - 12 培养基梯度稀释 2 倍、4 倍、8 倍、16 倍、32 倍、64 倍、128 倍。取对数生长期细胞，常规消化计数后接种至 96 孔板，100 μL/ 孔，每孔细胞数为 $1×10^4$ 个，细胞培养 24 h 贴壁后弃掉原培养基，用 PBS 洗涤一次，每孔分别加入 100 μL 上述上清稀释液，每个处理做 6 个复孔，重复 3 次，分别培养至 1 h、2 h、4 h、8 h 用 MTT 测细胞活力。

（4）蜡样芽孢杆菌和 DON 共添加对 IPEC - J2 细胞活力的影响。

取对数生长期细胞，常规消化计数后接种至 96 孔板，100 μL/ 孔，每孔细胞数为 $1×10^4$ 个，细胞培养 24 h 贴壁后弃掉原培养基，用 PBS 洗涤一次，分为以下几组。

①空白对照组：添加 DMEM/F - 12 培养基。

②阳性对照组：添加不同质量浓度 DON（0.075 μg/mL、0.15 μg/mL、0.3 μg/mL、0.6 μg/mL、1.2 μg/mL）。

③阴性对照组：每孔添加用 DMEM/F - 12 悬浮的蜡样芽孢杆菌 $1×10^4$ CFU/ 孔。

④试验组：蜡样芽孢杆菌和不同毒素质量浓度（0.075 μg/mL、0.15 μg/mL、0.3 μg/mL、0.6 μg/mL、1.2 μg/mL）共同添加。

按以上分组，每组 6 个重复，重复 3 次，分别培养至 4 h、8 h，用 PBS 缓冲液洗涤 2~3 次直至洗掉添加的菌体，然后每孔加入 100 μL 终质量浓度为 0.5 mg/mL MTT 的 DMEM/F - 12 培养基，37 ℃、5% CO_2 培养箱共同孵育 4 h，4 h 后小心吸走培养液，加入 150 μL 的 DMSO 在振荡器上振荡 10 min 以使甲瓒充分溶解，用酶标仪在 450 nm 波长下测其 OD 值。

7.5.1.6 酿酒酵母对 DON 诱导 IPEC-J2 细胞损伤的影响

（1）酿酒酵母的处理。

取培养后的酵母菌，8 000 r/min 离心 5 min 后，吸取上清液，过 0.22 μm 滤膜除菌，4 ℃保存备用；离心后的菌体细胞用 DMEM/F - 12 培养基重新悬浮菌体细胞，8 000 r/min 离心 5 min，如此洗涤两次后用 DMEM/F - 12 培养基按等体积将菌体悬浮，4 ℃冰箱保存备用。

（2）酿酒酵母对 IPEC - J2 细胞活力的影响。

取对数生长期细胞，常规消化计数后接种至 96 孔板，100 μL/ 孔，每孔细胞数为 $1×10^4$ 个，细胞培养 24 h 贴壁后弃掉原培养基，用 PBS 洗涤一次，试验分组如下。

①对照组：DMEM/F‒12 培养基组。

②酵母发酵液（S‒FL）组：同 7.5.1.5（2）中②。

③酵母菌上清液（S‒CFS）组：同 7.5.1.5（2）中③。

④酵母菌体细胞（S‒C）组：同 7.5.1.5（2）中④。

按以上分组，每组分别做 6 个复孔，重复 3 次，分别培养至 1 h、2 h、4 h、8 h 后，用 PBS 缓冲液洗涤 2～3 次洗掉添加的菌体，然后每孔加入 100 μL 终质量浓度为 0.5 mg/mL MTT 的 DMEM/F‒12 培养基，37 ℃、5% CO_2 培养箱共同孵育 4 h，4 h 后小心吸走培养液，加入 150 μL 的 DMSO 在振荡器上振荡 10 min 以使甲瓒充分溶解，用酶标仪在 450 nm 波长下测其 OD 值。

（3）酿酒酵母上清液对 IPEC‒J2 细胞活力的影响。

将培养 24 h 的酿酒酵母的发酵液 8 000 r/min 离心 5 min，收集上清液，用 DMEM/F‒12 培养基梯度稀释，分别稀释至原液的 2 倍、4 倍、8 倍、16 倍、32 倍、64 倍、128 倍。方法同 7.5.1.5（3）。

（4）酿酒酵母与 DON 共同培养对 IPEC‒J2 细胞活力的影响。

试验方法及分组同 7.5.1.5（4）。

（5）酿酒酵母与 DON 共同培养对 IPEC‒J2 细胞乳酸脱氢酶释放、DON 残留量的影响。

取对数生长期细胞，常规消化计数后接种至 6 孔板，2 mL/ 孔，每孔细胞数为 $2×10^5$ 个，细胞培养至贴壁后弃掉原培养基，用 PBS 洗涤一次，分组同 7.5.1.5（4），每组 3 个重复，共培养 8 h 后，吸取每孔培养液于 2 mL 离心管中，3 000 r/min 离心 5 min，重新吸取 120 μL 上清液置于新的离心管中，根据乳酸脱氢酶（LDH）试剂盒步骤测 LDH 释放量，取 500 μL 测 DON 的含量，计算 DON 降解率。

（6）酿酒酵母与 DON 共同培养对 IPEC‒J2 细胞因子基因表达量的影响。

取对数生长期细胞，常规消化计数后接种至 6 孔板，2 mL/ 孔，每孔细胞数为 $2×10^5$ 个，细胞培养至贴壁后弃掉原培养基，用 PBS 洗涤一次，分组同 7.5.1.5（4），每组 3 个重复，共培养 8 h 后，吸去上清液，用 PBS 清洗 2～3 次后，收集细胞。

①细胞 RNA 提取。

a. 每孔加入 1 mL Trizol，用移液枪吹打 3～5 次，让细胞充分裂解，室温放置 5 min；

b. 加入 200 μL 氯仿至裂解液中，用手剧烈振荡 15 s，室温放置 3 min，4℃、12 000 r/min 离心 15 min；

c. 小心转移上清液（300 μL）至新的 1.5 mL 离心管中，加入 600 μL 异丙醇，涡旋混匀，室温静置 10 min，4 ℃、12 000 r/min 离心 10 min 以沉淀 RNA；

d. 弃去上清液，加入 1 mL 75% 乙醇，涡旋混匀，4℃，7 500 r/min 离心 5 min；

e. 弃去上清液，把离心管倒置于干净的吸水纸上吸取残留的液体，空气干燥 10～15 min；

f. 加入 20 μL RNase-free 水至 RNA 沉淀中，涡旋重悬 RNA 沉淀，冰上放置 10～30 min 让 RNA 充分溶解，−80 ℃保存备用；

g. 取 1 μL RNA 储存液检测其质量浓度。

② cDNA 的合成。

将提取的 RNA 反转录成 cDNA，反转录操作按照宝生物工程（大连）有限公司 PrimeScript® RT reagent Kit 反转录试剂盒说明书进行，反转录的 cDNA 于 −20 ℃保存。

③ 实时荧光定量 PCR 检测。

a. 引物设计。根据 Genbank 上已有的猪基因 mRNA 序列，用 Primier Premier 5.0 软件设计定量引物（表 7-38），引物由上海生物工程科技有限公司合成。

表 7-38　荧光定量引物

引物名称	引物序列	退火温度 /℃	PCR 产物长度 /bp
TJP1	F：CATAAGGAGGTCGAACGAGGCATC	59.9	181
	R：CTGGCTGAGCTGACAAGTCTTCC	60.6	
IL-8	F：GACCCCAAGGAAAAGTGGGT	57.8	186
	R：TGACCAGCACAGGAATGAGG	57.5	
IL-6	F：TGCAGTCACAGAACGAGTGG	60.25	116
	R：CAGGTGCCCCAGCTACATTAT	59.86	
IL-10	F：GCCAAGCCTTGTCAGAGATGATCC	60.5	198
	R：AGGCACTCTTCACCTCCTCCAC	61.7	

续表

引物名称	引物序列	退火温度 /℃	PCR 产物长度 /bp
Occludin	F：CAGCCTCATTACAGCAGCAGTGG	61.1	158
	R：ATCCAGTCTTCCTCCAGCTCGTC	61.1	
GADPH	F：ATGGTGAAGGTCGGAGTGAA	55.9	154
	R：CGTGGGTGGAATCATACTGG	55.7	

b. 反应体系。按照宝生物工程（大连）有限公司 Prime Script™ RT reagent Kit Perfect Real Time 试剂盒说明书进行，反应体系为如表 7-39 所示。

表 7-39　RT-PCR 反应体系

试剂	反应体系 /μL
SYBR® Rremix Ex *Taq*TM (2×)	10
F（10 μmol/L）	1
R（10 μmol/L）	1
cDNA	1
RNase-free	7
总计	20

c. 反应程序。反应体系在 Bio-Rad iQ5 荧光定量 PCR 仪上进行，反应程序如表 7-40 所示。

表 7-40　RT-PCR 反应程序

温度 /℃	反应时间	备注
95	10 min	
95	20 s	
58	30 s	40 个循环
72	20 s	
95	10 s	
65	60 s	
97	1 s	
37	30 s	

（7）酿酒酵母和 DON 共培养对 IPEC-J2 细胞凋亡的影响。

取对数生长期细胞，常规消化计数后接种至 6 孔板，2 mL/ 孔，每孔细胞数为 $5×10^5$ 个，细胞培养至贴壁后弃掉原培养基，用 PBS 洗涤一次。试验分为对照组、酿酒酵母组（和细胞比例为 1∶1）、DON 添加组（1.2 μg/mL）、酿酒酵母＋DON 组，每组 3 个重复。共培养 8 h 后，吸去上清液，用 PBS 清洗 2～3 次后，用无 EDTA 的胰酶消化 3 min 后 1 000 r/min 离心 5 min，之后用 PBS 清洗 2 次，2 000 r/min 离心 5 min，收集细胞。加入 500 μL 的 Binding Buffer 悬浮细胞，加入 5 μL Annexin V－FITC 混匀后，加入 5 μL Propidium Iodide 混匀，室温避光反应 15 min 后上机检测。

7.5.1.7　数据分析

试验结果用平均值 ± 标准误表示，用 SPSS 20.0 进行方差分析和多重性检验，用 Turkey 法进行显著性比较，以 $P < 0.05$ 表示差异显著。q－PCR 试验结果数据用 Bio－Rad CFX96 软件的比较 Ct 法（$2^{-\Delta\Delta Ct}$ 法）进行分析计算。

7.5.2　结果分析

7.5.2.1　不同 DON 质量浓度对 IPEC-J2 细胞活力的影响

不同 DON 质量浓度作用 IPEC－J2 细胞 24 h 后对细胞活力的影响如图 7-20 所示。由图 7-20 可知，DON 对 IPEC－J2 细胞的影响呈剂量依赖效应，细胞活力随着 DON 质量浓度的增加显著下降（$P < 0.05$）。当 DON 浓度大于 0.075 μg/mL 时，细胞增殖率显著下降（$P < 0.05$）。DON 浓度为 0.075～19.2 μg/mL 时，对细胞增殖抑制率分别为 9.49%（$P > 0.05$），以及 16.19%、22.74%、36.18%、38.96%、40.46%、43.00%、46.70%、50.94%（$P < 0.05$）。

7.5.2.2　DON 质量浓度－时间互作对 IPEC-J2 细胞活力的影响

由表 7-41 可知，2 h 时，所有 DON 质量浓度与对照组细胞活力相比差异不显著（$P > 0.05$）。4 h 时，DON 质量浓度为 0.075 μg/mL 和 0.15 μg/mL 时与对照组差异不显著（$P > 0.05$）；DON 质量浓度为 0.3 μg/mL、0.6 μg/mL、1.2 μg/mL 时与对照组差异显著（$P < 0.05$），各 DON 质量浓度之间差异不显著（$P > 0.05$）。8 h 时，DON 质量浓度为 0.075 μg/mL 与对照组差异不显著（$P > 0.05$），其余四个质量浓度均与对照组差异显著（$P < 0.05$）。16 h 和 32 h 时，5 个 DON 质量浓度均显著地降低细胞活力（$P < 0.05$），DON 质量浓度为 0.15 μg/mL、0.3 μg/mL、0.6 μg/mL 和 1.2 μg/mL 在 32 h 时差异显著（$P < 0.05$）。细胞生长呈剂量－时间依赖性，同一毒素质量浓度下，细胞增殖率随着时间的增加呈现下降趋势；

同一时间，细胞增殖率随着时间延长而减小。与对照组相比，不同质量浓度 DON 作用 4 h 时细胞增殖率分别为 89.31%（$P > 0.05$）、87.83%（$P > 0.05$），以及 86.53%、85.00%、85.78%（$P < 0.05$）；8 h 时细胞增殖率分别为 95.25%（$P > 0.05$），以及 82.27%、89.01%、82.12%、78.11%（$P < 0.05$）；16 h 细胞增殖率分别为 88.42%（$P < 0.05$）、91.14%（$P > 0.05$），以及 77.74%、69.62%、69.64%（$P < 0.05$）；32 h 细胞增殖率分别为 94.45%、88.83%、80.42%、72.10%、64.56%（$P < 0.05$）。

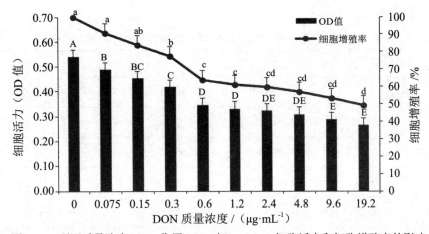

图 7-20　不同质量浓度 DON 作用 24 h 对 IPEC–J2 细胞活力和细胞增殖率的影响

注：大写字母表示不同质量浓度 DON 对 IPEC–J2 细胞活力的差异性；小写字母表示不同质量浓度 DON 对 IPEC–J2 细胞增殖率的差异性。大写或小写字母不同表示差异显著（$P < 0.05$）。

表 7-41　DON 质量浓度–时间对 IPEC-J2 细胞活力（OD 值）的影响（$n = 6$）

DON 剂量 / （$\mu g \cdot mL^{-1}$）	2 h	4 h	8 h	16 h	32 h
对照组	0.62±0.03[b]	0.80±0.06[Aa]	0.87±0.03[Aa]	0.84±0.03[Aa]	0.67±0.02[Ab]
0.075	0.68±0.05[bc]	0.71±0.04A[Bb]	0.83±0.03[ABa]	0.72±0.06[Bb]	0.63±0.01[Bc]
0.15	0.67±0.08[c]	0.70±0.02A[Bb]	0.76±0.02[BCa]	0.76±0.04[ABa]	0.59±0.02[Bc]
0.3	0.70±0.04[ab]	0.68±0.06[Bb]	0.70±0.03[CDab]	0.63±0.05[Cb]	0.54±0.01[Cc]
0.6	0.72±0.04[a]	0.68±0.05[Ba]	0.70±0.05[CDa]	0.57±0.04[Cb]	0.48±0.02[Dc]
1.2	0.63±0.04[bc]	0.69±0.01[Ba]	0.67±0.07[Dab]	0.58±0.03[Cc]	0.43±0.02[Ed]

7.5.2.3　蜡样芽孢杆菌和 DON 共添加对 IPEC-J2 细胞活力的影响

（1）蜡样芽孢杆菌不同成分对 IPEC–J2 细胞活力的影响。

由表 7-42 可知，当 MOI 分别为 0.1、1、10 时，蜡样芽孢杆菌的发酵液均显著抑制细胞的增殖（$P < 0.05$）；在 1 h 时，MOI 为 1 和 10 时，蜡样芽孢杆菌菌体细胞和培养上清液对 IPEC－J2 细胞增殖无显著影响（$P > 0.05$）；在 2 h 时，MOI 为 0.1 和 1 时，蜡样芽孢杆菌菌体细胞对 IPEC－J2 细胞增殖无抑制作用（$P > 0.05$），当 MOI 为 10 时，菌体细胞显著抑制 IPEC－J2 细胞的增殖（$P < 0.05$）；在 4 h 时，MOI 为 1 时，蜡样芽孢杆菌的上清液和菌体细胞对 IPEC－J2 细胞活力无显著影响（$P > 0.05$），MOI 为 10 时，蜡样芽孢杆菌的菌体细胞显著降低了细胞的活力（$P < 0.05$）。

表 7-42　蜡样芽孢杆菌不同成分对 IPEC-J2 细胞活力（OD 值）的影响

试验组		1 h	2 h	4 h
对照组		0.39 ± 0.02^{ab}	0.46 ± 0.02^{a}	0.38 ± 0.03^{a}
MOI=0.1	B－FL	0.15 ± 0.01^{e}	0.25 ± 0.04^{c}	0.08 ± 0.02^{bc}
	B－CFS	0.21 ± 0.02^{d}	0.24 ± 0.02^{c}	0.32 ± 0.04^{a}
	B－C	0.31 ± 0.03^{c}	0.39 ± 0.03^{ab}	0.37 ± 0.01^{a}
MOI=1	B－FL	0.09 ± 0.01^{e}	0.08 ± 0.01^{d}	0.06 ± 0.00^{c}
	B－CFS	0.41 ± 0.02^{a}	0.35 ± 0.05^{b}	0.35 ± 0.03^{a}
	B－C	0.33 ± 0.02^{bc}	0.43 ± 0.01^{ab}	0.33 ± 0.11^{a}
MOI=10	B－FL	$0.14\pm0.01e$	0.09 ± 0.01^{d}	0.06 ± 0.00^{c}
	B－CFS	0.38 ± 0.03^{ab}	0.36 ± 0.04^{b}	$.\,0.32\pm002^{a}$
	B－C	0.33 ± 0.03^{bc}	0.24 ± 0.03^{c}	0.19 ± 0.06^{bc}

注：同一的时间点进行比较，下同。

（2）蜡样芽孢杆菌上清液对 IPEC－J2 细胞活力的影响。

蜡样芽孢杆菌上清液不同稀释浓度对 IPEC－J2 细胞增殖的影响见表 7-43，由表 7-43 可知，上清液稀释 2 倍时显著抑制细胞的生长（$P < 0.05$），在 1 h 和 2 h 时的增殖抑制率分别为 11.76%（$P < 0.05$）和 25.00%（$P < 0.05$）；4 h 后所有处理的上清液和对照组细胞活力均无显著性差异（$P > 0.05$）。

表 7-43　蜡样芽孢杆菌不同倍数的稀释上清液对 IPEC-J2 细胞活力（OD 值）的影响（$n = 6$）

时间	对照	2 倍	4 倍	8 倍	16 倍	32 倍	64 倍
1 h	0.51±0.04[bc]	0.45±0.07[c]	0.49±0.03[bc]	0.60±0.01[a]	0.53±0.03[abc]	0.56±0.03[ab]	0.52±0.03[abc]
2 h	0.52±0.02[ab]	0.39±0.10[c]	0.57±0.04[a]	0.52±0.05[ab]	0.45±0.08[bc]	0.43±0.02[bc]	0.47±0.01[abc]
4 h	0.42±0.03	0.47±0.00	0.45±0.02	0.43±0.02	0.41±0.03	0.41±0.03	0.41±0.02
8 h	0.39±0.06	0.33±0.02	0.34±0.01	0.38±0.03	0.35±0.02	0.37±0.05	0.35±0.00

（3）蜡样芽孢杆菌和 DON 共添加对 IPEC－J2 细胞活力的影响。

由表 7-44 可知，4 h 时，DON 对细胞活力没有显著影响（$P > 0.05$），蜡样芽孢杆菌菌体（YIV 菌体）抑制细胞增长，但是差异不显著（$P > 0.05$），YIV 菌体和 DON 与细胞共培养时都显著降低了细胞活力（$P < 0.05$）；8 h 时，DON 质量浓度为 1.2 μg/mL 时显著降低了细胞活力（$P < 0.05$），抑制率为 22.58%（$P < 0.05$），YIV 菌体和 YIV 菌体与 DON 共同添加都对细胞的增殖抑制率达 100%（$P < 0.05$）。

表 7-44　蜡样芽孢杆菌和 DON 共添加对 IPEC-J2 细胞活力（OD 值）的影响（$n = 3$）

试验组	4 h	8 h
对照	0.34±0.03[ab]	0.31±0.03[a]
DON (0.075 μg/mL)	0.44±0.03[a]	0.27±0.01[ab]
DON (0.15 μg/mL)	0.40±0.02[a]	0.25±0.04[ab]
DON (0.3 μg/mL)	0.37±0.04[a]	0.27±0.03[ab]
DON (0.6 μg/mL)	0.39±0.07[a]	0.24±0.04[ab]
DON (1.2 μg/mL)	0.38±0.07[a]	0.24±0.02[b]
YIV 菌体	0.23±0.03[bc]	0.06±0[c]
YIV 菌体 + DON (0.075 μg/mL)	0.22±0.04[c]	0.06±0[c]
YIV 菌体 + DON (0.15 μg/mL)	0.22±0.02[c]	0.06±0[c]
YIV 菌体 + DON (0.3 μg/mL)	0.17±0.01[c]	0.06±0[c]
YIV 菌体 + DON (0.6 μg/mL)	0.18±0.02[c]	0.06±0[c]
YIV 菌体 + DON (1.2 μg/mL)	0.20±0.04[c]	0.06±0[c]

7.5.2.4 酿酒酵母对 DON 诱导 IPEC-J2 细胞损伤的影响

（1）酿酒酵母不同成分对 IPEC-J2 细胞活力的影响。

由表 7-45 可知，MOI 为 0.1 和 1 时，酵母上清液和发酵液在各个时间段均对细胞的增殖无显著影响（$P > 0.05$）；8 h 时，MOI 分别为 1 和 10 的酵母菌体细胞添加组间差异不显著（$P > 0.05$），但较对照组细胞活力分别增加了 25.71%（$P > 0.05$）和 37.14%（$P < 0.05$）。

表 7-45　酿酒酵母不同成分对 IPEC-J2 细胞活力（OD 值）的影响（$n = 6$）

	试验组	1 h	2 h	4 h	8 h
	对照	0.39±0.02[abc]	0.46±0.02[ab]	0.38±0.03[ab]	0.35±0.03[bcd]
MOI=0.1	S-FL	0.42±0.03[ab]	0.48±0.01[a]	0.43±0.01[a]	0.46±0.05[ab]
	S-CFS	0.41±0.02[ab]	0.48±0.04[a]	0.37±0.01[abc]	0.31±0.03[cd]
	S-C	0.39±0.02[abc]	0.35±0.00[cd]	0.28±0.03[bc]	0.34±0.02[bcd]
MOI=1	S-FL	0.4±0.02[abc]	0.48±0.06[a]	0.35±0.03[abc]	0.35±0.02[bcd]
	S-CFS	0.44±0.02[a]	0.47±0.03[a]	0.4±0.01[a]	0.33±0.05[bcd]
	S-C	0.36±0.02[abc]	0.38±0.03[bc]	0.37±0.07[abc]	0.44±0.05[ab]
MOI=10	S-FL	0.34±0.03[bc]	0.29±0.02[d]	0.26±0.05[c]	0.23±0.06[d]
	S-CFS	0.43±0.04[a]	0.47±0.04[ab]	0.34±0.03[abc]	0.35±0.04[bcd]
	S-C	0.31±0.05[c]	0.34±0.01[cd]	0.34±0.07[abc]	0.48±0.08[a]

（2）酿酒酵母菌培养的上清液对 IPEC-J2 细胞活力的影响。

由表 7-46 可知，酿酒酵母上清稀释液在 1 h、2 h、4 h 时和对照组差异不显著（$P > 0.05$），在 8 h 时，上清液稀释 2 倍时显著抑制细胞的增殖（$P < 0.05$），细胞增殖抑制率为 30.77%（$P < 0.05$）。

表 7-46　酿酒酵母菌培养的上清液对 IPEC-J2 细胞活力（OD 值）的影响（$n = 6$）

时间	对照	2 倍	4 倍	8 倍	16 倍	32 倍	64 倍
1 h	0.51±0.04	0.52±0.03	0.55±0.06	0.58±0.06	0.56±0.01	0.56±0.04	0.55±0.02
2 h	0.52±0.02	0.50±0.03	0.47±0.08	0.52±0.06	0.54±0.06	0.48±0.08	0.53±0.03
4 h	0.42±0.03	0.47±0.04	0.41±0.04	0.44±0.02	0.43±0.02	0.44±0.03	0.45±0.01
8 h	0.39±0.06	0.27±0.02[b]	0.36±0.01	0.39±0.01	0.4±0.03	0.39±0.03	0.41±0.02

（3）酿酒酵母和 DON 共添加对 IPEC - J2 细胞活力的影响。

由表 7-47 可知，4 h 时，酿酒酵母添加组和对照组相比，细胞活力提高了 7.69%（$P > 0.05$），当 DON 质量浓度为 1.2 μg/mL 时，添加酵母组细胞活力比未添加酵母组提高了 21.05%（$P < 0.05$）；8 h 时，酵母添加组比对照组细胞活力提高了 44.83%（$P < 0.05$），当 DON 质量浓度为 0.075 μg/mL、0.15 μg/mL、0.3 μg/mL、0.6 μg/mL、1.2 μg/mL 时，添加酵母组与未添加酵母组相比，细胞活力分别提高 29.63%、11.11%、20.83%、4.00%、4.17%，但均差异不显著（$P > 0.05$）。

表 7-47　酿酒酵母和 DON 共添加对 IPEC-J2 细胞活力（OD 值）的影响（$n = 6$）

试验组	4 h	8 h
对照	0.39±0.03[abc]	0.29±0.02[bc]
DON(0.075 μg/mL)	0.44±0.02[abc]	0.27±0.01[bc]
DON(0.15 μg/mL)	0.40±0.03[abc]	0.27±0.03[bc]
DON(0.3 μg/mL)	0.39±0.04[abc]	0.24±0.04[c]
DON(0.6 μg/mL)	0.37±0.07[abc]	0.25±0.04[bc]
DON(1.2 μg/mL)	0.38±0.07[bc]	0.24±0.02[c]
酿酒酵母	0.42±0.05[abc]	0.42±0.10[a]
酿酒酵母 +DON(0.075 μg/mL)	0.44±0.08[ab]	0.35±0.09[ab]
酿酒酵母 +DON(0.15 μg/mL)	0.39±0.00[bc]	0.30±0.07[bc]
酿酒酵母 +DON(0.3 μg/mL)	0.37±0.02[abc]	0.29±0.01[bc]
酿酒酵母 +DON(0.6 μg/mL)	0.36±0.02[bc]	0.26±0.04[bc]
酿酒酵母 +DON(1.2 μg/mL)	0.46±0.01[a]	0.25±0.05[bc]

（4）酿酒酵母和 DON 共添加对细胞 LDH 释放及 DON 残留量的影响。

由表 7-48 可知，当 DON 质量浓度大于 0.075 μg/mL 时，均显著增加 LDH 的释放量（$P < 0.05$），和对照组相比，LDH 释放分别增加 7.14%（$P > 0.05$）及 146.43%、160.71%、182.14%、167.86%（$P < 0.05$）。酿酒酵母和对照组相比能降低 LDH 释放，但是差异不显著（$P > 0.05$）；酵母和 DON 组与 DON 组相比，LDH 释放分别降低了 26.67%（$P > 0.05$）及 66.67%、69.86%、72.15%、68.00%（$P < 0.05$）。酵母和 DON 添加组与相应的 DON 添加组中 DON 的质量浓度差异不显著（$P > 0.05$），但是都在一定程度上降低了 DON 的质量浓度，其降解率分别为 57.14%、46.15%、42.31%、26.67%、13.51%（$P > 0.05$）。

表7-48　酿酒酵母和不同质量浓度的 DON 共添加对细胞 LDH 释放及 DON 残留量的影响（$n = 3$）

分组	LDH 释放（OD 值）	DON 残留量 /（μg·mL⁻¹）
对照	0.28±0.04[bc]	未检测出
DON(0.075 μg/mL)	0.30±0.01[b]	0.07±0.00[d]
DON(0.15 μg/mL)	0.69±0.08[a]	0.13±0.01[cd]
DON(0.3 μg/mL)	0.73±0.06[a]	0.26±0.01B[cd]
DON(0.6 μg/mL)	0.79±0.04[a]	0.45±0.08[b]
DON(1.2 μg/mL)	0.75±0.01[a]	1.11±0.11[a]
酿酒酵母	0.24±0.02[bc]	未检测出
酿酒酵母 +DON(0.075 μg/mL)	0.22±0.01[bc]	0.03±0.00[d]
酿酒酵母 +DON(0.15 μg/mL)	0.23±0.02[bc]	0.07±0.00[d]
酿酒酵母 +DON(0.3 μg/mL)	0.22±0.01[bc]	0.15±0.01[cd]
酿酒酵母 +DON(0.6 μg/mL)	0.19±0.02[c]	0.33±0.06[bc]
酿酒酵母 +DON(1.2 μg/mL)	0.24±0.00[bc]	0.96±0.23[a]

（5）酿酒酵母和 DON 共添加对 IPEC－J2 细胞相关基因表达量的影响。

酿酒酵母和不同质量浓度的 DON 共培养对细胞因子的 mRNA 的表达量见图 7-21。由图 7-21(a) 可知，DON 质量浓度为 1.2 μg/mL 时和对照组相比 IL－6 的基因表达量上调了 67%（$P < 0.05$），其他质量浓度的 DON 对 IL－6 的表达量均无显著影响（$P > 0.05$）；酵母分别和 0.3 μg/mL、0.6 μg/mL、1.2 μg/mL DON 共同添加组较对应的 DON 添加组对 IL－6 的表达量分别上调了 50.89%、123.88%、110.78%（$P < 0.05$）。由图 7-21(b) 可知，DON 质量浓度为 0.075 μg/mL 和 0.3 μg/mL 时，IL－8 表达量分别下调了 46%（$P < 0.05$）和 36%（$P < 0.05$）；加入酵母和 DON 后与只加 DON 组相比，都显著上调了 IL－8 的表达量，上调率分别为 83.33%、73.44%、59.22%、153.33%、221.55%（$P < 0.05$）。由图 7-21(c) 可知，不同质量浓度的 DON 与对照组相比对 IL－10 的表达均无显著影响（$P > 0.05$）；酵母加 DON（1.2 μg/mL）组与 DON（1.2 μg/mL）组相比对 IL－10 的表达量上调了 36.81（$P < 0.05$）。由图 7-21(d) 可知，随着 DON 质量浓度的增加，TJP 的表达量呈现增加趋势，与对照组相比，对 TJP 的表达上调率分别为 18%（$P > 0.05$）及 55%、91%、80%、116%（$P < 0.05$）；酵母和 DON 共培养组较 DON 组下调了

TJP 的表达量，当 DON 质量浓度为 0.3 μg/mL 时，TJP 下调率为 36.13%（$P < 0.05$）。由图 7-21(e) 可知，DON 添加组都上调了 Occludin 的表达量，与对照组相比，Occludin 上调率分别为 48%（$P > 0.05$）、44%（$P > 0.05$）、175%（$P < 0.05$）、100%（$P < 0.05$）、150%（$P < 0.05$）；酵母和 DON 共培养组较 DON 组来说都下调了 Occludin 的表达量，下调率分别为 35.81%（$P < 0.05$）、27.78%（$P > 0.05$）、50.18%（$P < 0.05$）、19%（$P > 0.05$）、18.4%（$P > 0.05$）。

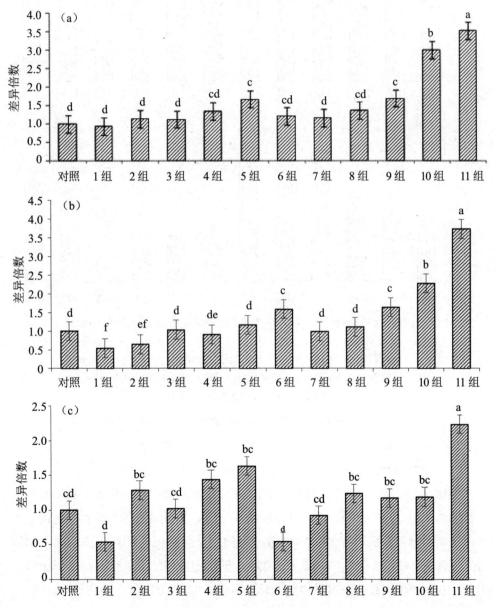

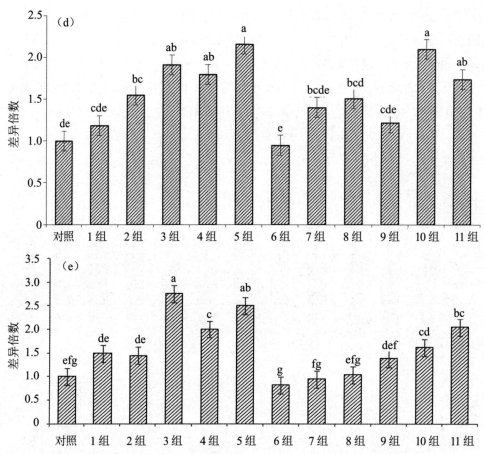

1组：DON(0.075 μg/mL)；2组：DON(0.15 μg/mL)；3组：DON(0.3 μg/mL)；

4组：DON(0.6 μg/mL)；5组：DON(1.2 μg/mL)；6组：酿酒酵母；

7组：酿酒酵母+DON(0.075 μg/mL)；8组：酿酒酵母+DON(0.15 μg/mL)；

9组：酿酒酵母+DON(0.3 μg/mL)；10组：酿酒酵母+DON(0.6 μg/mL)；

11组：酿酒酵母+DON(1.2 μg/mL)

图 7-21　酿酒酵母和 DON 共添加对 IPEC－J2 细胞因子的影响

（a）IL－6；（b）IL－8；（c）IL－10；（d）TJP；（e）Occludin

（6）酿酒酵母和 DON 共添加对 IPEC-J2 细胞凋亡的影响。

由图 7-22、表 7-49 可以看出，DON 添加组和对照组相比显著增加了晚期凋亡细胞的比例（$P < 0.05$），是对照组的 4.53 倍，早期凋亡细胞是对照组的 2.23 倍（$P < 0.05$）；酵母和 DON 共培养组与 DON 组相比，早期和晚期凋亡细胞分别下降了 44.78%，46.37%（$P < 0.05$），活细胞数增加了 2.35%（$P < 0.05$）；酵母组和对照组对比，各时期参数差异不显著（$P > 0.05$）。

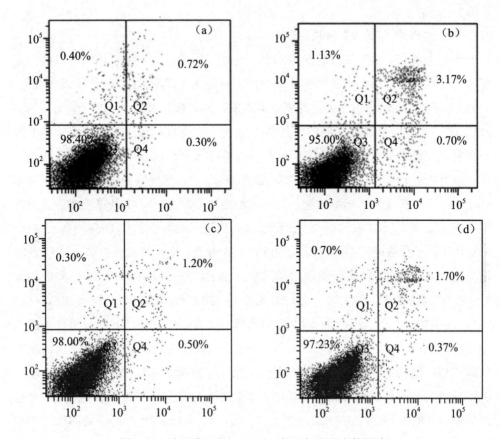

图 7-22　酿酒酵母和 DON 共添加对细胞凋亡的影响

（a）对照组；（b）DON（1.2 μg/mL）组；（c）酿酒酵母组；

（d）酿酒酵母 +DON（1.2 μg/mL）

注：图为荧光双染色二维点图，四个象限表示细胞的面积比；横坐标为 Annexin V（磷脂结合蛋白）染色，FITC（异硫氰酸荧光素）荧光标记的 IPEC－J2 细胞数目（荧光道数）；纵坐标为用 PI（碘化丙啶）染色，PerCP（叶绿素蛋白）荧光标记的 IPEC－J2 细胞数目（荧光道数）。

表 7-49　酿酒酵母和 DON 共添加对细胞凋亡的影响（$n = 3$）

试验组	Q1/%	Q2/%	Q3/%	Q4/%
对照组	0.40±0.05[b]	0.70±0.08[b]	98.40±1.11[a]	0.30±0.04[b]
DON（1.2 μg/mL）	1.13±0.25[a]	3.17±0.67[a]	95.00±0.66[b]	0.67±0.20[a]
酿酒酵母	0.30±0.10[b]	1.20±0.10[ab]	98.00±0.20[a]	0.47±0.15[b]
酿酒酵母 +DON（1.2 μg/mL）	0.70±0.20[ab]	1.70±0.10[b]	97.23±0.32[a]	0.37±0.12[b]

7.5.3 讨论

7.5.3.1 DON 对 IPEC-J2 细胞的影响

肠道上皮细胞是防御外部刺激的第一道物理屏障，除了防御功能外，肠上皮细胞还可以应用多种先天防御机制降低外来病原体入侵的风险，包括病毒和细菌。DON 对细胞的毒性作用主要是改变细胞形态、抑制细胞增殖、促进细胞凋亡等。MTT 比色法是检测细胞存活和生长的方法，其检测原理为活细胞线粒体中的琥珀酸脱氢酶能使外源性 MTT 还原为水不溶性的蓝紫色结晶甲瓒并沉积在细胞中（死细胞无此功能），用 DMSO 溶解细胞中的甲瓒，用酶联免疫检测仪测定其吸光度值，可间接反映活细胞数量。在一定细胞数范围内，MTT 结晶形成的量与细胞数成正比，所以本试验用 MTT 法测细胞 OD 值表示细胞的活力。Diesing 等（2011a）分别用不同质量浓度的 DON 作用于 IPEC－J2 细胞，用中性红染色摄入法和 MTT 法检测了细胞活力，结果表明高质量浓度的 DON（2 000 ng/mL）显著降低细胞数，抑制细胞增殖。张志岐（2015）用 0.5～20.0 µmol/L DON 处理 IPEC－J2 细胞 4～48 h，结果显示猪肠道上皮细胞增殖受抑制，并且具有质量浓度依赖效应和时间效应。本试验结果表明，不同剂量的 DON 对细胞的增殖有不同程度的抑制作用，随着 DON 质量浓度的增加，细胞增殖抑制率增加，相同 DON 质量浓度随着时间的延长对细胞的生长的抑制也显著增加，细胞增殖抑制与 DON 呈现剂量－时间依赖性，与 Diesing 等研究结果一致。LDH 是存在于细胞质中的一种酶，当细胞膜受到损伤时，LDH 会释放到培养基中，所以 LDH 的释放量可以间接反映细胞膜受损程度；在同一条件下，LDH 漏出率高说明刺激对细胞的损伤作用越大。多项研究表明，DON 能降低细胞的跨膜电阻，增加细胞的通透性，破坏细胞的完整性。本试验以 OD 值间接表示 LDH 漏出量，结果表明 DON 质量浓度为 0.15 µg/mL 时就显著增加了 LDH 的释放，说明低质量浓度的 DON 对细胞膜具有损伤作用。Diesing 等（2011b）研究表明，2 000 ng/mL DON 在 48 h 时显著增加 LDH 的释放，与本试验结果一致。

Pinton 等（2012）发现 10 µmol/L DON 作用于 IPEC－1 24 h 后对紧密连接蛋白 claudin－3 和 claudin－4 的表达均无显著影响，30 µmol/L 的 DON 作用 24 h 后显著下调了 claudin－3 和 claudin－4 的表达。Zhang 等（2016）用 20 µmol/L 的 DON 作用 IPEC－J2 细胞后，显著降低了 claudin－4 的表达量。

本试验结果显示 DON 上调了 Occludin 的表达量，可能与 DON 的作用质量浓度有关。研究表明，低质量浓度的 DON 具有免疫刺激作用，高质量浓度的

DON 具有免疫抑制作用。张喆（2016）用 8 μmol/L 的 DON 作用 IPEC－J2 细胞 4 h 后，发现 DON 能上调 Occludin 的表达量。可能是当细胞受到外来刺激时，细胞会发生自噬，分泌合成自噬的蛋白，达到自我保护的作用。Kluess 等（2015）用 2 000 ng/mL DON 作用 IPEC－J2 细胞 72 h 后，发现 DON 显著降低基底外侧细胞数量，增大细胞面积，DON 降低了顶端细胞 IL－8 的表达量，同时上调了紧密连接蛋白 ZO－1 的转录水平，与本试验结果一致，猜测可能是因为 DON 对蛋白的表达具有两面性，在下调核糖体功能的同时又能刺激蛋白酶体功能的上调。

7.5.3.2　蜡样芽孢杆菌对 IPEC-J2 细胞活力的影响

蜡样芽孢杆菌广泛存在于土壤等环境中，部分菌株呈现致病性，易导致呕吐和腹泻；而无毒的蜡样芽孢杆菌的代谢产物富含蛋白酶、淀粉酶和细菌素等物质，有广泛的应用功能。本试验所筛选出的蜡样芽孢杆菌能水解淀粉，说明有淀粉酶的产生，应为无毒的芽孢杆菌，但是细胞验证试验表明，该蜡样芽孢杆菌菌体和细胞共培养 8 h 时，显著抑制细胞的增殖，发酵液和细胞共培养 1 h 时细胞几乎没有增殖能力，但是该菌培养液的上清液对细胞的增殖没有显著影响，说明该菌对细胞的增殖抑制不是由其分泌的培养物引起的，可能是由于该菌活菌自身生长过程中分泌的一些物质或者其和 IPEC－J2 细胞竞争性争夺营养物质，使细胞的生长受到抑制。

7.5.3.3　酿酒酵母对 DON 诱导 IPEC-J2 细胞损伤的影响

（1）酿酒酵母和 DON 共添加对 IPEC－J2 细胞活性的影响。

酿酒酵母是原农业部批准的可以直接添加到饲料中的益生菌，含有丰富的功能性多糖和氨基酸等，对动物的生长以及健康有重要意义。酿酒酵母对肠上皮细胞的保护作用主要体现在对肠道病原体的吸附、中和细胞毒性因子、维持肠道的完整性和激活免疫系统。研究表明，2 μg/mL 的 DON 作用 IPEC－J2 细胞 48 h 后降低跨膜电阻，加入枯草芽孢杆菌先培养 1 h 后再加入 DON 能显著提高跨膜细胞阻抗，降低细胞膜的通透性，本试验研究表明酿酒酵母显著降低了细胞的 LDH 释放，并且酵母和 DON 试验组较 DON 组显著降低了 LDH 的释放，表明酿酒酵母能保护肠上皮细胞膜的渗透性，减少细胞膜的破裂。同时酵母对 DON 在 IPEC－J2 细胞中具有一定的降解作用，这充分说明了酿酒酵母对细胞具有保护作用。

（2）酿酒酵母和 DON 共添加对 IPEC－J2 细胞因子的影响。

IL－8 是一种多功能细胞趋化因子，主要作用是趋化和活化中性粒细胞以及淋巴细胞和其他免疫细胞，同时还具有促进血管生成的功能，在病原防御、炎症反应和免疫调节中发挥着重要作用。Toll 样受体（TLRs）与免疫相关的模式识别受体家族成员之一 TLR4，可以识别特定的微生物的保守成分以激活 NF‐κB 和丝裂原激活蛋白激酶（MAPKs）信号转导通路，从而诱导各种细胞炎性因子如 IL‐8 的表达。王蜀金等（2014）在研究酿酒酵母对断奶大鼠免疫功能时发现，添加酵母组并没有提高机体的免疫功能，这可能与酵母的复杂成分有关。王斌星等（2017）在日粮中添加酿酒酵母饲喂断奶仔猪后发现，酵母添加组较对照组显著提高了仔猪回肠 IL‐8 的表达量。Galliano 等（2011）研究表明，酿酒酵母作用于 IPEC‐1 细胞时 IL‐8 的表达量是对照组的 5.08 倍。本试验结果表明，酿酒酵母作用于 IPEC‐J2 细胞时 IL‐8 表达量是对照组的 1.58 倍，与前人研究结果一致，可能是酵母作为外源微生物刺激激活了细胞的 MAPKs 通路，导致炎性因子的表达量增加，通过上调促炎因子进而提高机体的抗性。本试验中，酿酒酵母＋DON 组能显著上调 IL‐8 的 mRNA 表达量，可能是由于 DON 和酵母对肠上皮细胞的刺激使肠细胞发生细胞易位造成炎性因子的增加。

　　IL‐6 是一种多效性细胞因子，能调节多种细胞功能，包括细胞增殖、细胞分化、免疫防御机制及血细胞生成等，参与多种复杂的细胞过程，如抗炎、造血和神经分化等，是一类重要的细胞因子。IL‐6 主要是产生负调节机制，通过蛋白酪氨酸残基磷酸酶、反馈抑制因子 SOCS 以及 STAT 阻断剂 PIAS 终止活化的信号传导，防止过度刺激的产生。研究证明，IL‐6 可明显促进成肌细胞在体外的增殖。Kuhle 等（2005）研究发现，用酿酒酵母和大肠杆菌联合作用 IPEC‐J2 细胞时对 IL‐6 的表达无显著影响。本试验中酿酒酵母作用于 IPEC‐J2 8 h 后，对 IL‐6 的表达也没有显著影响。王璇等（2005）研究表明，在培养成人成肌细胞过程中添加 10 ng/mL 的 IL‐6 培养至第 5 天时可显著增加成肌细胞数量。研究表明 IL‐6 在局部或全身急性炎症反应中表现出抗炎作用。Xing 等（1998）将正常小鼠和敲除 IL‐6 基因的小鼠暴露于内毒素 LPS 4 d 后，结果发现，IL‐6 基因正常小鼠较敲除 IL‐6 基因小鼠的存活率高出 50%，并且抗炎因子 IL‐10 的基因表达量也高出 IL‐6 基因敲除组。本试验研究结果表明，当 DON 质量浓度为 0.3 μg/mL、0.6 μg/mL、1.2 μg/mL 时，添加酵母组较未添加组显著提高了 IL‐6 的表达量，与前人结果一致，说明添加酵母后增加了细胞对 DON 抗性，缓解了细胞的损伤。

　　IL‐10 又名细胞因子合成抑制因子，有多种生物学功能，主要是通过免疫调节作用抑制激活的细胞发挥有效功能，是黏膜免疫中的重要细胞因子调节剂，在维持肠道黏膜内环境稳定中发挥重要作用。本试验中酵母 + DON（1.2 μg/mL）添加组能显著提高 IL - 10 的表达，但是酵母组和对照组相比下调了 IL - 10 的表达量，可能是酵母对细胞存在保护作用，作为细胞的防护剂，使细胞本身对外界的刺激产生延迟反应，导致抗炎因子分泌减少，当 DON 联合作用时，DON 使细胞产生了炎性反应，维持或恢复细胞内环境的稳态，抗炎因子产生增加，进一步恢复了炎性因子和抗炎因子间的平衡。

紧密连接（TJ）是肠上皮细胞的重要组成部分，存在于各类上皮细胞及血管内皮细胞间的顶端，形成一个顶端闭锁结构发挥"屏障"和"防御"功能，以控制细胞间的通透性和保持细胞的极性。Occludin 是紧密连接中重要的结构蛋白之一，与 ZO - 1 结合共同构成紧密连接的骨架部分。Occludin 在紧密连接状态下能降低与其连接的膜通透性以达到保护细胞的作用。本试验中随着 DON 质量浓度的增加，紧密连接蛋白呈现剂量依赖性，DON 质量浓度越高，紧密连接蛋白分泌越多，可能是因为肠上皮细胞通过分泌炎性因子和趋化因子来激活炎症反应通路，产生先天免疫反应和获得性免疫反应。当 DON 刺激肠上皮细胞时，细胞自身的免疫反应应答开启，刺激紧密连接的分泌来修复细胞间的通透性，减少外来刺激，达到自我保护的作用。这说明随着 DON 质量浓度的增加，对细胞膜的损伤越大，细胞需要分泌更多的紧密连接达到自我保护，当加入酵母后，在一定程度上下调了紧密连接蛋白的表达量，说明加入酵母后对细胞膜有一定的保护作用，酵母作用于 DON，减少 DON 进入细胞，细胞自身免疫调节功能减弱，所以紧密连接蛋白的分泌较 DON 组有所降低，但是其内部机理需要进一步研究。

（3）酿酒酵母和 DON 共添加对 IPEC - J2 细胞凋亡的影响。

细胞凋亡是指为维持内环境稳定，由基因控制的细胞自主的有序的死亡，是为更好地适应生存环境而主动争取的一种死亡过程。在正常细胞中，磷脂酰丝氨酸（PS）只分布在细胞膜脂质双层的内侧，在细胞凋亡早期细胞膜内的 PS 由脂膜内侧翻向外侧，Annexin V 是 Ca^{2+} 依赖性磷脂结合蛋白，与 PS 有高度亲和力，可以通过细胞外侧暴露的 PS 与早期凋亡的细胞膜结合，Annexin V 可经过荧光素 FITC 标记经流式细胞仪检测细胞凋亡的发生。碘化丙啶（PI）可以透过凋亡晚期的细胞和死细胞的细胞膜使细胞核染成红色，利用 Annexin V - FITC 和 PI 对细胞进行双染，利用流式细胞仪可以区分不同时期细胞的比例。张喆等（2016）用流式细胞仪检测了中剂量的布拉迪酵母（和细胞的比例为 1∶1）对 IPEC-J2 细胞的毒性作用，结果表明加入布拉迪酵母处理的细胞凋亡率无显著变化，活细胞数为对照组的 98.96%；本试验中酿酒酵母组的活细胞数为对照组的 99.59%，说明酿酒酵母本身不会对 IPEC-J2 细胞产生毒副作用，与之前的研究结果一致。张志岐等（2015）用流式细胞仪检测 DON 对 IPEC–J2 细胞凋亡的影响，结果表明 IPEC–J2 生长细胞暴露于 5 μmol/L 和 10 μmol/L DON 24 h 后，细胞凋亡率分别达到 30% 和 40%；进一步研究发现，DON 诱导细胞凋亡可能与激活 Akt → Erk1/2 → FoxO1 或 Erk1/2 → Stat3 信号通路有关。本试验结果发现 1.2 μg/mL DON 作用 IPEC–J2 细胞 8 h 后显著增加了细胞凋亡的比例，晚期和早期凋亡细胞占总细胞的 3.84%，是对照组的 3.84 倍。

丁举静等（2009）研究表明 DON 诱导细胞凋亡使线粒体膜电位下降，增加了线粒体的膜通透性，使得线粒体膜上的细胞色素 C、Smac、AIF 等小分子物质释放到细胞质中，启动线粒体凋亡途径，引起细胞发生生化改变最终出现凋亡。细胞凋亡和细胞增殖都是生命的基本现象，是维持体内细胞数量动态平衡的基本措施。本试验通过 MTT 法检测细胞增殖，结果表明 DON 对 IPEC–J2 细胞的增殖有显著的抑制作用，可能是 DON 引起细胞凋亡导致线粒体的膜电位降低，通透性发生改变，线粒体内琥珀酸脱氢酶的含量减少，最终导致细胞活力的下降。益生菌能和肠道黏膜形成生物屏障，维持肠道的微生态平衡，抑制病毒、食物抗原的进入，维持肠道健康，肠道菌群决定了肠道的通透性。益生菌阻止由病原体引起的上皮细胞支架和紧密连接蛋白的破裂，从而提高黏膜屏障功能，防止电解质分泌作用受阻。王斌等（2006）研究表明，路氏乳杆菌 JCM1081 通过对肠上皮细胞的黏附占位，竞争性抑制致病性大肠埃希菌对肠上皮细胞的黏附和侵袭，保护细胞膜的完整性和细胞活性。本试验通过流式细胞仪检测酿酒酵母缓解 DON 对 IPEC–J2 细胞凋亡的影响，结果表明，与 DON 组对比，酿酒酵母 + DON 组显著降低了细胞凋亡数，晚期凋亡细胞率由 3.0% 降低至 1.6%，早期凋亡细胞率由 0.9% 降低至 0.3%，且活细胞率有所提高。张喆等（2016）研究发现，布拉迪酵母能显著干预 DON 对 IPEC–J2 细胞凋亡的影响，细胞凋亡率由 16.10% 下降至 6.27%，与本试验结果一致。晚期凋亡的细胞膜通透性改变，膜内细胞质会渗透出来，本试验通过检测 LDH 的释放表明，酿酒酵母 + DON 组较 DON 组显著降低了 LDH 的释放。细胞凋亡试验结果表明，酿酒酵母 + DON 组较 DON 组显著降低了晚期凋亡细胞率，说明酿酒酵母能有效缓解 DON 对 IPEC–J2 细胞凋亡和增殖的影响，对细胞有保护作用。

7.5.4　小结

本节通过研究蜡样芽孢杆菌和酿酒酵母，以及 DON 对 IPEC‑J2 细胞增殖的作用，进一步研究了酿酒酵母和 DON 共培养对 IPEC‑J2 细胞的影响，结果如下。

（1）DON 对 IPEC‑J2 的增殖呈现剂量‑时间依赖效应，19.2 μg/mL DON 在 24 h 时对细胞增殖的抑制率达 50.94%。

（2）蜡样芽孢杆菌和 IPEC‑J2 单独培养 8 h 时显著抑制了细胞的增殖，故不做进一步研究。

（3）酿酒酵母与 DON 共培养时，在一定程度上促进了细胞增殖，和 DON 组相比显著降低了 LDH 的释放，且对 DON 的降解有一定作用；当 DON 质量浓度为 1.2 μg/mL 时显著提高了 IL‑10 的表达量，说明酵母可缓解 DON 对 IPEC‑J2 细胞的毒性，对肠道细胞有一定的保护作用。

（4）DON 组早期凋亡细胞和晚期凋亡细胞较对照组分别增加了 2.23 倍和 4.53 倍；酵母组和对照组对比增加了早期和晚期凋亡细胞数，活细胞数有所降低。酵母和 DON 共培养组与 DON 组相比，早期和晚期凋亡细胞分别下降了 44.78%、46.37%，活细胞数增加了 2.35%。

第8章　在畜牧业生产中去除霉菌毒素的措施

从 20 世纪 60 年代世界上首次报道霉菌毒素中毒以来，如何才能有效地降低和去除霉菌毒素的污染成为众多专家学者广泛关注的问题。首先，最直接地防止霉菌毒素污染应该是从根源上找到最有效的方法，这就无疑是选育出能够抑制霉菌生长或不产生霉菌毒素的农作物品种，尤其是小麦和玉米品种。按照这种要求对农作物进行选育已经取得成功，据报道，德国大约 1/4 的小麦都已经被抗霉菌的品种所取代。有研究利用一株无毒的黄曲霉属菌与产毒黄曲霉菌株通过竞争选择抑制产毒。这种有效的方法很大程度地降低了黄曲霉毒素污染水平，已经得到广泛应用。商业化可利用的无毒黄曲霉有从玉米中分离出来的 NRRL30797、从花生中分离的 NRRL21882 以及从棉籽中分离出的 NRRL21882。目前尽管在农产品品种和菌种改良上有很大进展，但是还是不能彻底阻止霉菌毒素的污染。采取有效的措施对已经被霉菌毒素污染的饲料原料和饲料进行脱毒处理是降低毒素危害和减少经济损失的必然选择。根据联合国粮食及农业组织 FAO 规定，霉菌毒素的去除方法需要符合以下条件。

（1）不能破坏食品或饲料产品营养价值和适口性。

（2）不能产生或遗留有毒的、有致癌和 / 或有致基因突变的残留。

（3）能有效地使霉菌毒素失活，结构受到破坏和去除。

（4）应该在技术和经济上可行，成本低廉，操作方便。

（5）必须能够破坏真菌的孢子和菌丝避免霉菌在适宜条件下产生。

无论是哪种方法只要能够有效、无污染和低成本地去除霉菌毒素都是可行的。到目前为止，霉菌毒素去除方法主要依靠物理方法、化学方法、微生物降解等。

8.1　物理方法

物理解毒方法包括传统的浸泡、清洗、分拣、挑选、脱皮和碾磨等机械方法去除污染原料中的霉菌毒素，以及一般的方法，如高温加热使其灭活、射线辐射处理、吸附以及萃取等方法，这些方法仅局限于饲料生产。但由于物理吸附法仅对黄曲霉毒素的效果较好，而对其他霉菌毒素的吸附效果较差，吸附剂除吸附霉菌毒素外，还吸附维生素、矿物元素和抗生素等营养物质，并且还存在着解吸附问题；此外，这些吸附剂对不同种类的霉菌毒素具有不同的吸附效率，其中毛霉烯是最难吸附的，因而，物理吸附法在生产中逐步被淘汰。

近年来，冷等离子体光照射和微波治疗等非常规策略的应用已经被提出或引入食品加工中，如霉菌灭菌或霉菌毒素的降解。尽管如此，关于对降解产物的认识和这些处理引起的营养、感官变化仍然限制它们的应用。

8.2　化学方法

用一些化学方法处理谷物以防止霉菌毒素形成是可能的。已经发现约有 100 种化合物可以抑制黄曲霉毒素的产生，这些化合物中的大多数都是通过抑制真菌生长而起作用的。两种广泛研究的黄曲霉毒素合成抑制剂是敌敌畏和咖啡因。最简单的去除霉菌的方法可能是通过人工选择、物理去除受污染的谷物，这是一项费时、费力的工作，而且在许多情况下是不可能完成的，如小麦在磨粉过程中，麦麸中霉菌毒素含量增加，面粉中霉菌毒素含量降低。此外，大多数霉菌毒素耐热，通常应用于食品工艺的热处理，对霉菌毒素水平没有显著影响。化学方法去除霉菌毒素，主要是通过有机酸处理、碱处理、氧化剂处理或其他化合物对霉菌毒素进行处理，通过破坏其化学结构，从而降低或消除其毒性。利用碱和氧化剂等不同的化学物质将霉菌毒素转化成无毒产品。一般来说，化学方法在减少霉菌毒素方面具有一定优势，如还原效率高、成本相对较低。

这些化学方法包括氨化、碱化、氧化、还原、水解等，已被证实在降解霉菌毒素的污染方面是有效的。化学方法降解毒素已经在工业中得到应用，这种脱毒方法既有利又有弊，其优点在于脱毒快速、效果明显，而缺点是在使用一些化学试剂的过程中可能会造成环境污染，对饲料中营养物质造成破坏，造成营养损失。碱性化合物，如氨、钠和氢氧化钙，用于破坏黄曲霉毒素。尽管这种处理几乎可以完全消除霉菌毒素，但这些化学物质也会导致一些营养物质的损失。最后，不可消化吸附剂可以用来防止霉菌毒素被消化道吸收，这种吸附剂在饲料中被使用。因此，我们需要研究更有效的方法来应用于农产品、动物饲料以及人类食品当中。考虑到人类和动物的健康问题，欧洲委员会已经禁止使用化学方法去除饲料原料和食品原料中霉菌毒素。

8.3　微生物降解

微生物降解霉菌毒素具有高效、特异性强、环境友好、污染小的特点，因此近些年来成为人们研究的热点。微生物降解霉菌毒素具有以下优点：对低毒或无毒成分的特异性；温和的反应条件（温度、pH 值等）；可以在需氧和厌氧条件下使用；降解酶的应用，如利用乳酸菌降解 AFB_1、ZEA、OTA 和 PAT。据报道，从土壤中分离得到的地衣芽孢杆菌 DSM 025954 在 37 ℃条件下及 48 h 和 36 h 对 ZEA 去除率分别为 100.0% 和 98.1%。Rao 等（2017）利用香豆素作为唯一碳源筛选出 7 种降解 AFB_1 的细菌，其中一种地衣芽孢杆菌 CFR 对 AFB_1 的降解率达到 94.7%。Repecdkiene 等（2013）用四种不同酵母降解小麦面粉和配合料中 AFB_1、DON 和 ZEA，结果表明全部酵母能够完全去除 AFB_1，一部分能去除 ZEA，而不能够 100% 去除 DON。Zuo 等（2013）研究发现枯草芽孢杆菌、乳酸菌和酵母与 AFB_1 降解酶配伍能够有效降解 AFB_1。目前，已经发现许多真菌都能够将 AFB_1 降解成低毒或无毒的产物。Motomura 等（2003）研究糙皮侧耳生成物时，得到能够降解 AFB_1 的胞外酶。生物脱毒方法是一种有效去除粮食及饲料中真菌毒素污染的方法，利用微生物或生物酶改变 DON 的毒性基团结构并将 DON 转变为无毒或者低毒的产物，主要有以下 3 种方式。

①破坏 C‑12、C‑13 环氧基团生成毒性较低的 DON 代谢产物 DOM‑1，其毒性仅有 DON 的 1/55。

②作用于主要的致毒基团 C3‑OH。将 DON 氧化成 3-keto-DON 或还原形成其同分异构体 3‑epi‑DON，毒性分别是 DON 的 1/10、1/11、1/81；或通过一些产糖苷酶或乙酰转移酶的微生物转化，将 DON 转化为毒性降低的 D3G 或 3‑ADON。

③水解 8 号氧原子形成其他降解产物，如塔宾曲霉（*Aspergillus tubingensis*）NJA‑1 的胞内酶促使 94.4% 的 DON 水解，转化成一种相对分子质量比 DON 大18.1 的产物，该产物的结构及毒性未被阐明。

8.4　新型降解霉菌毒素的方法

天然精油（essential oils，EO）相比于以前传统的吸附霉菌毒素的方法，具有高效、环保和低耐药性的优点。姜黄精油对于玉米生长中产生的黄曲霉和黄曲霉毒素具有抑制作用。此外，姜黄精油在质量浓度分别为 3.5 mg/mL 和 3 mg/mL 的时候能够完全抑制禾谷镰刀菌的生长和玉米赤霉烯酮的产生，因此姜黄精油对于霉菌生长和霉菌毒素的产生具有明显的抑制作用。

植物提取物是采用一系列物理或化学方法，从植物中提取出的一种或多种有效成分，其中含有多糖、黄酮类、生物碱、皂苷和白藜芦醇等生物活性物质。植物提取物具有抗菌、抗炎、抗氧化等作用，并且安全、高效、无污染，有代替抗生素的潜力，在维持动物肠道健康、提高免疫功能等方面具有重要作用。许小向研究表明，绿原酸、落新妇苷和甘草酸均可缓解由 DON 诱导的 IPEC-J2 细胞炎症和凋亡反应，并改善肠道营养物质的转运吸收。复合益生菌联合甘草酸可以减轻多种霉菌毒素（AFB_1 + DON + ZEN）对 IPEC-J2 细胞诱导的细胞毒性、炎症和凋亡反应，保护肠道细胞完整性。Yang 等通过体外试验发现，白藜芦醇可通过 Nrf2 信号通路对 DON 诱导的 IPEC‐J2 细胞损伤起保护作用。黄芩苷可通过抑制核因子‐κB（nuclear factor kappa B，NF‐κB）和增加 mTOR 信号传导，减轻仔猪 DON 诱导的肠道炎症和氧化损伤。龙红荣研究表明，二氢杨梅素可抑制由 DON 引起的 IPEC‐J2 细胞促炎因子 TNF‐α、IL‐8、IL‐6 和 IL‐18 的表达水平上升，从而减轻肠道炎症反应。迷迭香酸、发酵小麦胚芽提取物、槲皮素等也可以抑制霉菌毒素（DON 和 T‐2 毒素）的毒性作用。综上所述，植物提取物可以通过缓解霉菌毒素诱导的肠道炎症反应和氧化损伤，改善猪肠道内营养物质的转运吸收，维持肠道屏障的完整性。从水果中提取的橘皮苷、柚皮苷和橙皮葡萄糖苷，经试验证明都能抑制 95% 的棒曲霉毒素的产生和积累。食用大豆中的绿原酸和没食子酸对抑制 AFB_1 的产生有效果。前期的研究表明，磁性材料和纳米粒子去除霉菌毒素也是有效的，玉米废物中分离出的磁性碳用于吸附 AFB_1，在 180 min 内，pH 值为 7 的条件下，AFB_1 的吸附率接近 90%，这表明利用磁性碳降解家禽饲料中的黄曲霉毒素是可行的。还有研究表明纳米纤维素和视黄酸结合可以吸附 AFB_1。此外，还有一种壳聚糖和戊二醛的复合物能够高效吸附多种霉菌毒素。

8.5　展望

以上所涉及的和未涉及的，以及目前还未知的一些霉菌毒素均可存在于各种非常重要的农产品、食品以及饲料原料中，这主要取决于这些产品的含水量及其水活度、相对空气湿度、温度、pH 值、食品基质的组成、其物理损坏程度及是否存在霉菌孢子。鉴于工业加工对真菌毒素的减少没有显著影响，为了能够保证不存在霉菌毒素，有必要在标准化和控制良好的条件下加工食品，并控制食品生产和储存链的每一个环节，必须有能够将污染减少到最低限度的预防措施，并应通过一切手段加以实施。如果确实发生污染，应根据食品或饲料的特性等一系列参数采取减少或消除霉菌毒素的方法。需要进一步研究确定促进产生真菌毒素的真菌生长的条件，并制定有效的预防措施，以减少食品和饲料的污染，并对生物体中不同真菌毒素可能产生的协同效应有进一步的认识。

在我国饲料资源短缺的大背景下，研究这些霉菌毒素的去除技术最大限度地节约饲料粮食资源，对节粮减损和饲料资源开发具有重要意义。目前人们普遍认为消除霉菌毒素的最好方法是有效预防。分子生物学的最新成果可能为种植饲料原料和粮食植物开辟新的途径。研究发现，微生物似乎是适用于霉菌毒素生物降解的主要生物。从理论上讲，任何有机化合物（包括真菌毒素）都可以通过氧化降解作为需氧微生物的一种可能的能量来源。对霉菌毒素具有耐药性的微生物在这类研究中具有优先地位，其抗性的生化机制研究有助于发现能去除霉菌毒素的微生物。随着分子生物技术的应用，具有多种功能特性（包括降解霉菌毒素）的微生物菌株可以被改造，以显著提高食品安全性和可接受性。

尽管在这一领域有大量的研究和文献证实了各种微生物降解霉菌毒素的能力，但到目前为止取得的结果可能被视为发展实际商业技术的第一步。大部分试验是在模型系统和实验室条件下进行的，在许多情况下，使用混合培养的微生物通常不是食品微生物区系的一部分。因此后续基于动物消化道中存在的霉菌毒素降解微生物，这些微生物的活性可能会增加，它们可能被用于体内降解霉菌毒素或作为益生菌。虽然随着人们对霉菌毒素降解机制研究的深入，越来越多的霉菌毒素降解方法被人们发现，而且具有较好的降解效果，但是，通过以上物理的、化学的方法去除饲料中的霉菌毒素会破坏饲料的营养价值，造成更大的浪费；利用新型降解霉菌毒素的方法，降解效果虽然好，但就目前的提取工艺来说，在实际生产过程中成本较高，应用起来不切合实际，推广有难度。而利用益生菌改善肠道微生态环境是目前健康养殖、适应饲料中全面"禁抗"、提高饲养效率的重要方法之一。因此，通过益生菌和霉菌毒素降解酶降解霉菌毒素的生物降解法不仅能有效去除霉菌毒素，而且还具有改善饲料口感、维持动物健康、操作简单可行、对环境没有污染等优点，在饲料行业中具有广泛的应用前景，可以确保养殖生产持续、稳定、健康地发展。

参 考 文 献

[1] STOKA J, ANKLAM E. New strategies for the screening and determination of aflatoxins and the detection of aflatoxin-producing moulds in food and feed[J]. Trac Trends in Analytical Chemistry, 2002, 21(2): 90-95.

[2] 刘凤芝，李锋，王永丽. 2017 年上半年我国部分地区饲料及饲料原料中霉菌毒素的污染状况分析 [J]. 粮食与饲料工业，2017(11): 46-50.

[3] 陈甫，朱凤华，黄凯，等. 山东省肉鸡全价料及饲料原料中 AFB_1、$FUMB_1$、DON 和 ZEV 污染情况调查报告 [J]. 中国畜牧杂志，2016，52(2): 66-71.

[4] 潘冬春，李敬根，钱根林，等. 伏马菌素及其毒性作用 [J]. 上海畜牧兽医通讯，2012(5): 56-57.

[5] 张鑫，王福，陈鸿平，等. 中药材真菌及真菌毒素污染研究现状 [J]. 世界科学技术：中医药现代化，2015，(11)5: 2381-2388.

[6] CHA M Q, WANG E D, HAO Y Y, et al. Adsorbents reduce aflatoxin M_1 residue in milk of healthy dairy cow exposed to moderate level aflatoxin B_1 in diet and its exposure risk for humans[J]. Toxins (Basel), 2021, 13(9): 665.

[7] 王蕾，牛奶中黄曲霉毒素 M_1 检测方法的建立及饲料中黄曲霉毒素对牛奶品质的影响 [D]. 郑州：河南农业大学，2008.

[8] WAN L Y M, TURNER P C, EL-NEZAMI H. Individual and combined cytotoxic effects of Fusarium toxins (deoxynivalenol, nivalenol, zearalenone and fumonisins B_1) on swine jejunal epithelial cells [J]. Food and Chemical Toxicology, 2013, 57: 276-283.

[9] Yip K Y, Wan M L Y, Wong A S T, et al. Combined low-dose zearalenone and aflatoxin B_1 on growth and cell-cycle progression in breast cancer MCF-7 cells[J]. Toxicology Letters, 2017, 281: 139-151.

[10] ZHENG W L, WANG B J, XI L, et al. Zearalenone promotes cell proliferation or causes cell death?[J]. Toxins, 2018, 10(5): 184-190.